원예작업치료의
이론과 적용

원예작업치료의 이론과 적용

김미영 외 지음

이담
Books

자연은 생명을 서로 연결하는 길입니다.

길을 따라 흐르다 보면 시들어가는 것도 잊혀져 가는 것도 감사한 일이 되고, 어느덧 다시 돌아온 계절 속에서 다시금 새로운 생명이 시작되는 것이 얼마나 감사한 일인지요.

이렇듯 우리가 꿈꾸는 길에는 식물과 사람이 함께하는 행복한 공동체가 만들어집니다.

처음 만나는 사람과는 눈을 마주치는 것조차 힘들던 발달장애 학생이 첫 만남에서 장미꽃을 보며 수줍게 웃어 주었던 일, 집에 가야 한다며 안절부절못하시던 치매 어르신께서 꽃을 보시더니 '예쁘다'며 오랜 시간 함께하셨던 일, 베란다 작은 텃밭을 일구는 것을 큰 기쁨으로 여기시던 요양원 할머니의 환한 미소를 마주하는 일들이 오랫동안 원예작업치료사로 살아갈 수 있는 힘이었습니다.

원예작업치료는 신체활동을 위한 기술상의 일로서 식물을 다루는 것에 머무르지 않습니다. 정신적 교감과 사회적 활동을 병행하는 교육과 치료로 환자의 상태를 개선시킵니다. 개인의 삶에 의미와 목적을 부여한 식물과의 상호작용이 인간의 정신사회적·신체적 회복을 돕기 때문입니다.

원예작업치료는 식물과 교감하며 얻는 기쁨이 있습니다. 씨를 심고 물을 주며 싹이 나기를 기다리는 마음, 작고 여린 싹이 살며시 거친 흙을 뚫고 나올 때의 기쁨, 꽃이 피면 누군가에게 보여 주고 싶고 나누고 싶은 마음……. 이런 마음들이 원예작업치료의 시작이 아닐까 합니다.

이 책은 작업치료와 원예치료 분야에서 임상가와 학생들에게 처음으로 소개되는 원예작업치료 개론서로 아직 미흡한 점과 발전해 나가야 하는 숙제를 남긴 채로 여러분들께 내어놓게 되었습니다. 부족한 책이지만 원예작업치료가 더 큰 나무로 자라는 데 밑거름이 되었으면 합니다.

길을 가다 보면 여러 가지 구경을 하게 됩니다. 길가의 꽃, 주변의 풍경과 사람들, 무심히 또는 유심히 보는 모든 것들이 의미 있는 것이 되는 순간, 우리는 우리 자신이 생명을 가진 존재임을 느끼게 됩니다. 길을 가다 만난 나무와 숲속에서 삶의 의미를 찾는 것처럼, 이 책이 치료적 원예활동을 통해 의미 있는 삶을 찾고자 하는 분들을 위한 작은 등불이 되기를 소망합니다.

끝으로 일찍이 도시 사회 속에 원예작업의 가치를 보시고 격려해 주신 서울시립대학교 환경원예학과 심이성 교수님, 이용범 교수님, 이부영 교수님, 우수영 교수님, 김완순 교수님께 깊은 감사를 드립니다.

2012년 9월
저자 일동

제2부 원예작업치료의 응용

제1부
원예작업치료의 이론

제1장 원예작업치료 개론

1.1. 원예작업치료의 개념과 특징

'원예작업'은 'Horticulture'의 '원예'와 'Occupation'의 '작업', 'Therapy'의 '치료'의 합성어로 하나의 복합명사로서 전문용어이다. 원예작업치료(Horticultural Occupation Therapy)란 재배, 장식, 일상생활 응용 등의 원예작업을 이용하여 인간과 식물과의 상호작용을 유발하여 한 개인의 삶에 의미와 목적을 성취하는 과정을 유도하여 정신사회적, 신체적 회복을 돕는 치료작업이다(2011, 김미영). 식물과 꽃 등의 원예 산물을 소재로 하는 작업을 총괄적으로 원예활동이라 하며 일정한 목적이 부여된 일련의 활동을 원예작업이라 한다. 원예작업의 범위는 인간의 일상생활 습득과 휴식, 일과 여가활용까지 적용하여 건강한 삶의 관리를 포함한다. 원예작업효과는 인간의 신체적 운동, 감각통합, 사회적 기술, 문화 등을 촉진하는 효과가 있다(Aryle, 1987).

역사적으로 원예작업은 채집이나 재배와 같은 활동으로 시작되어 인류의 생존을 이어오고 있으며 지금까지 문화를 발전시켜 왔다. 또한 현대사회에서는 인간의 삶의 질을 향상시키는 매개체로 사회적 이용범위가 늘어가고 있으며 또한 압축성장을 이루며 성장하여온 도시 속에서 인간이 도시사회에 적응하도록 돕고 있다. 인간은 식물 없이 지구에서 살 수 없기 때문에 인간과 식물과 환경이라는 관계를 유지하기 위해 식물이 있는 환경으로 변화시키는 노력이 필요한 것이다. 이를 돕는 것이 도시 속으로 원예를 끌어들이는 작업이라 할 수 있다. Matsuo(1992)는 원예학도 과거와 달리 채소나 열매를 재배하는 생산원예에서 원예를 이용한 치료활동이나 식물을 즐기고 감상하는 실내원예 등의 사회적 필요에 부응하는 사회원예가 필요하며, 이에 대한 연구를 지속적으로 해야 한다고 주장했다. 고령화 시대를 맞이하고 있는 현대사회에서 앞으로의 과제는 원예작업을 도시사회에 어떻게 효율적으로 끌어들이는가이며 자신의 삶에 어떻게 적용할 것인가를 포함한다.

도시에서 인간은 스트레스로 인한 우울증, 불안감, 공황장애, 상실감 등으로 자살이나 이상행동들을 보이고 있다. 노인들, 퇴직자, 주부, 방과 후 학생들, 다문화 가족의 여가시간활용과 일자리 창출의 문제 등이 제기되고 있다. 이런 문제는 질병은 아니지만 개인의 문제이면서 사회의 문제로 제기되는 것이고 신체적 활동과 긍정적 정서회복을 포함하며 삶의 질 향상과 독립적인 활동이 요구되고 있다. 그에 대한 첫걸음으로 양이 아닌 질적 만족과 생태적인 삶을 추구하는 움직임 중의 하나인 손바닥만 한 텃밭을 일구는 도시농부활동이 있다. 도시원예는 작은 면적을 어떻게 활용할 것인가, 다수의 식물이나 작물이 아니더라도 수가 적더라도 인간과 어떻게 관계 맺으며 활용하는가에 성공여부가 달려 있다. 인간과 원예작업과의 관계를 회복시켜주고 삶의 목적을 주며 신체적 건강과 자존감을 성취하는 과정을 통해 의미있는 삶과 연결시켜주는 매개체 역할을 원예작업치료가 하고 있다. 단순한 원예활동 차원을 넘어서 내적인 동기부여와 의미부여 과정을 이끌어 활동의 집중을 증가시키고 몰입의 즐거움을 갖게 하고 그것을 통해 인간과 식물과 환경의 상호관계를 증진시켜 행복을 느끼게 하는 것이 원예작업치료이다. 결국 인간의 내재적인 긍정적인 요소들을 끌어내는 과정이며 긍정적 관계 회복을 경험하게 하는 과정이다. 원예작업은 신체적 재활뿐만 아니라 심리적, 사회적 재활효과가 입증되고 있으며 이에 대한 연구들이 진행되고 있다. Maslow(1968)가 제안한 인간이 감정적, 사회적, 윤리적으로 보다 성숙하기 위해서 요구되는 다섯 단계의 조건과 원예작업의 하나인 정원활동이 밀접하게 연관되어 있음을 설명하고 있는 맷슨(Mattson) 박사의 이론에서 원예작업의 가치를 알 수 있다. 또한 정원활동은 인간의 삶의 질을 향상시키는 효과가 있다(손기철 등, 2002). 이러한 원예작업의 장점을 이용하여 뇌졸중, 정신장애, 치매, 정서장애 등의 대상자에게 정서적 회복과 사회적, 신체적 활동증진을 유도하는 원예작업치료를 시도했다(김미영, 2011). 원예작업치료는 원예치료의 전문성을 높이고 작업치료의 원예작업 개발로 두 학문의 융·복합을 통해 새로운 지식창출 모델을 제시한다.

1.2. 원예작업의 사회원예적 활용

원예작업의 사회 원예적 활용의 예로 가까운 일본에서는 지역사회를 중심으로 원예활동이 건강증진과 지역 활성화를 목적으로 활용되고 있다. 최근 우리나라에서도 지역사회의 독립적 활동과 노인들의 활동의 중요성이 제기되고 있다. 복지관의 경우 원예활동 프로그램과 정원조성을 비롯하여 도시농부가 되기 위한 활동이 진행되고 있다. 유치원생부터 고등학생에 이르기까지 방과 후 활동으로 텃밭수업을 진행하고 있으며 점차 확대되고 있다. 원예작업의 사회원예적 장점으로는 다음과 같다. 첫째, 원예작업은 노인에서 아동에 이르기까지 개별 활동과 지역사회의 그룹 활동으로 원예활동의 활용이 가능하다. 둘째, 옥상을 이용한 텃밭 가꾸기, 생태프로그램, 숲 해설, 서울시 주변 산의 둘레길, 무장애 산행길, 귀농 프로그램, 은퇴농장, 주말농장, 산림치유, 치유의 숲 조성 등 다양한 장소에서 원예작업이 펼쳐질 수 있다. 셋째, 원예활동은 개인의 속도와 기술의 차이가 있지만 사계절의 변화되는 환경자극과 규칙적인 신체반복 활동이 가능하다는 장점도 있다. 넷째, 원예작업으로 노동과 생산뿐만 아니라 자연의 다양한 색, 향기, 실제적인 경험, 양육본능, 여가활동을 제공하여 실제적인 체험과 인지적인 촉진과 삶의 만족감을 향상시킨다. 이러한 장점을 극대화하여 치료로 활용할 수 있으며 그 영역을 지역사회 건강을 위한 활동으로 펼쳐갈 수 있다. 앞으로의 병원이 제공해야 할 서비스는 질병치료뿐만 아니라 지역사회의 건강을 이끄는 견인차적인 공공의료서비스 수준으로 확대될 것이 요구되고 있다. 국내적으로 노령화로 인한 노인수의 급증과 노인시설과 요양병원 등의 증가에 따라 자연친화적인 환경을 갖춘 병원을 선호하게 되었고 그에 따라 치료정원과 같은 원예적 환경을 갖추기 시작했다. 또한 심리사회적 회복을 이끄는 원예작업이 치료로 사용되고 있다. 이러한 면에서 복지사회건설을 목표로 정책이 확대되고 있고 만성장애 환자의 의료인력증대의 필요성에 따라 일자리 창출로서 원예작업치료사의 가능성이 있다. 사회적 환경의 변화로 베이비붐 세대의 은퇴가 시작되어 고령자들의 사회원예적 새 일자리 창출로도 가능성을 보이고 있다. 도시화된 사회 속에서 인간다움과 건강을 증진하는 작업으로 원예작업을 선도해 나갈 사회원예지도자들의 활약이 요구된다. 그러므로 사회원예작업 연구는 인간의 일상생활과 여가활동연구에 있어서 원예에 대한 교육과 일자리 창출까지의 연구가 포함되어야 한다. 원예작업의 연구분야로 사회 복지적 활동, 생태원예 교육활동과 치료적 활동에 대한 연구가 사회원예 전반에 폭넓게 이뤄져야 한다.

인간의 배경환경 중에 자연환경은 한 인간의 필수적인 요소로 사람의 신체적, 인지적 기능 등의 포괄적인 영역과 사회, 문화, 제도적인 환경 그리고 자조활동, 여가, 생산성 등과 같은 작업에도 포함된다. 원예는 인간 환경의 필수적 요소에 해당한다. 넓은 의미의 환경적 상호작용은 인간 삶의 핵심이다. 이를 위해서는 사람과 작업 사이의 상호작용이 최적화 되도록 그 사람의 배경환경들을 조절하는 것이 필요하다. 한국인의 자연환경은 한국 고유의 원예식물들과의 상호작용한다. 원예의 치료적 환경으로의 가치는 한국적 배경과 가치, 신념, 관습 등이 담겨 있기 때문에 중요하다. 이러한 환경에 적응하는 과정을 치료활용하기 위한 원예교육과정이 요구된다.

1.3. 치료적 활동으로서의 원예작업

1.3.1. 치료적 작업

작업을 치료로 이용한 작업치료의 역사를 보면 1700년 후반부터 정신과에 수용되어 있는 환자들을 대상으로 의미 있는 작업 활동이 질병의 개선효과를 가져오게 되어 발전하였다. 이때 사용되었던 활동이 원예작업이었다. 19세기 수용시설의 발전으로 대규모 공공수용 시설을 세우게 되어 농장, 정원, 주방과 같은 곳이 개별화된 작업이 가능했다. 1890년에는 결핵환자를 대상으로 수예 및 공예를 작업 활동으로 활용했다. 미국에서는 제 1차 세계대전으로 인한 상이군인이 급증함에 따라 상이군인의 재활에 중심을 두어 재활병원이 많이 생겼으며 신체장애 작업치료가 급성장하여 의학계에 인정을 받으면서 학교가 설립되었고, 1920년에는 이 전문직을 작업치료사라 명명하였으며, 1923년에 미국작업치료협회가 발족되었다. 우리나라의 경우 1950년 이후 기록에 의하면 6·25 한국전쟁의 발발과 더불어 한국전쟁 당시 미군의 도움으로 작업치료 연수과정이 시작된 것으로 소개되었다. 그리고 1993년에 보건복지부로부터 승인을 받아 사단법인 대한작업치료사협회를 발족하였다(Korean Association of Occupational Therapists: KAOT). 현재 종합병원과 재활병원 그 외에 다수기관에서 전문작업치료가 시행되고 있다.

1.3.2. 치료적 원예활동

원예활동이 치료적으로 이용된 최초역사로 고대 이집트에서 의사가 환자를 정원에서 일하게 하거나 산책하게 하였다는 기록이 있다(Lewis, 1995). 18세기에는 정신장애자를 수용하는 시설에서 농경작업의 하나로 실시되다가 상이군인의 재활이나 직업훈련에 도입되었고, 그 후 응용범위가 확대되어 미국의 경우 1950년에 원예치료사 강좌가 최초로 개설되었다. 우리나라는 1997년 11월에 한국원예치료연구회가 창립되어 활동하다가 2001년 6월 한국원예치료협회(KHTA)로 명칭이 변경되어 다양한 활동과 연구가 진행되다가 2010년 사단법인 한국원예치료복지협회로 변경되었다. 현재 다양한 원예활동을 이용하여 복지관, 요양시설, 재활병원, 초등학교 방과 후 활동으로 그 영역을 넓혀가고 있다.

1.3.3. 원예작업의 치료적 가치

원예활동의 치료적 작업으로서의 가치는 정신과 병원에서 인정되기 시작했다. 2009년 한국 노인의 활동수준과 삶에 대한 연구에서 저강도 신체활동으로 텔레비전 보기가 가장 즐거운 활동이었고 고강도 신체활동 수행으로는 속보, 텃밭가꾸기와 같은 원예활동이 노인들에게 삶의 질을 높일 수 있는 활동이었다(Lee 등, 2009). 원예작업은 인간에게 효과적이었으며 앞으로 노령화 사회에 필요한 연구 분야이다.

원예활동의 신체적 활동 효과로 1시간의 잡초제거는 자전거를 적당한 속도로 타면서 300칼로리를 소비하는 것과 같은 신체적 효과가 있다(Son, 2002). 원예작업의 정신 생리적 효과로 식물이 있을 때 인간의 혈압을 낮추는 효과가 있으며 정신적 이완과 스트레스의 감소 효과와 인간의 안정기에 나오는 α파가 녹색식물이나 꽃을 볼 때 증가했다(Goodwin 등, 1994). 병실의 흰 벽을 보는 그룹보다 창밖의 정원을 바라본 담낭 수술 환자의 통증 정도가 낮게 나오기도 했다. 유방암 수술 환자를 일주일에 3번씩 정원을 20~30분 걷게 한 결과 정상적인 생활로 복귀가 빨랐다. 이상과 같이 자율신경계, 호흡, 순환기계, 내분비계의 회복과 진정 효과가 있었다.

Matton는 정원활동은 인간이 감정적, 사회적, 윤리적으로 보다 성숙하기 위해서 요구되는 다섯 단계의 조건과 매우 밀접하게 연관되어 있음을 설명했다. 신선한 공기, 영양이 가득한 음식물의 제공으로 육체 및 생물적 요구를 충족하며 심리적 긴장의 완화로 스트레스를 감소시킴으로써 안전요구가 충족되며, 정원활동으로 다른 사람들과의 상호작용으로 책임감과 필요성을 느끼는 사랑과 귀속감이 충족된다. 정원은 개인적인 목표를 성취하는 것을 도우며 일에 대한 피드백을 제공하여 자기 존중을 충족하고, 정원활동은 미를 감상하고 삶의 과정들을 이해하고 아는 지각을 갖게 하여 자아실현을 이루게 한다(Son, 2002). 사회적인 효과로 그룹 활동을 통한 인간관계 기술 훈련, 사회기술 훈련을 하는 효과가 있다. 원예활동은 누구든지 쉽게 참여할 수 있는 자연환경의 안정감 속에서 자연스럽게 비언어적인 교류가 일어나고 자신의 수확물을 나누고 싶은 본능이 발산된다.

원예활동은 원예재료의 독특성 때문에 다른 작업과 차별화된다. 살아있는 생명체를 다루고 만지는 과정에서 오감의 자극이 활성화되고 보는 것만으로도 미소를 비롯한 여러 표정을 연출하게 한다. 이같이 원예소재는 인간으로 하여금 생리적 반응과 사회적 반응을 불러온다. 인간 본연의 양육적 본능을 발휘하게 하고 그로 인한 만족감을 준다. 이러한 원예활동의 가치가 있기 때문에 원예활동이 의학적 토대 위에서 보다 전문적으로 행해진다면 전인적이고 전문적인 치료방법으로 다른 대체의학이 줄 수 없는 작업효과를 줄 수 있다 (Son, 2002).

개인이 참여하는 활동은 문화적 배경과 가치, 신념, 관습, 인종 등에 따라 달라질 수 있기 때문에 자신이 속하고 있는 문화적 배경 안에서 의미 있는 활동을 조사하는 것이 중요하다(Christiansen과 Baum, 1996; Kielhofner, 1995). 한국인은 한국고유의 원예식물들과 상호작용해 왔다. 원예작업의 치료적 환경으로의 가치는 한국적 배경과 가치, 신념, 관습 등이 담겨 있기 때문에 중요하다. 이러한 환경에 적응하는 과정을 치료중재로 쓰기 위해 원예에 대한 교육이 필요하다.

1.4. 원예작업치료의 이론과 치료단계

1.4.1. 원예작업치료이론의 틀과 목표설정

원예학에서 얻을 수 있는 재배, 생리, 화훼 장식에 관한 지식과 원예활동을 신체, 심리, 사회적 치료작업으로 활용하기 위해 작업치료이론이 포함된다. 원예활동을 치료도구로 사용하기 위해 지식을 해석하고 통합한 틀이 만들어졌다. 원예작업치료이론의 목표는 작업수행능력 향상이며, 최대한 독립적 수행과 긍정적 정서 표현을 통한 심리사회 기술향상을 유도한다. 또한 인간이 주어진 환경과 상호작용하기 위하여 개인에게 목적 있는 활동이 되도록 개념화하는 이론을 기초로 한다. 신체적 기능장애를 가진 사람은 자신의 목적에 따라 그 과제활동을 할 수 있어야 건강한 삶을 살 수 있다. 인간이 자신에게 주어진 과제활동을 하기 위해서 감각운동이 필수요소이다. 또한 심리사회적 문제 해결을 위해서는 긍정적 정서의 표현과 가치, 흥미, 자아개념, 역할수행, 사회적 행동, 인간관계기술, 자기표현, 대처기술, 시간관리, 자기조절 향상이 요구된다. 원예작업을 이용한 치료를 위해서 각 개인의 보유하고 있는 능력마다 차이가 있기 때문에 원예작업의 특징에 따른 분석과 그에 따른 단계조절이 필요하다. 또한 원예작업을 이용한 치료를 이해하기 위해서는 치료 이론이나 원리, 원예활동이 주는 긍정적인 변화의 원리에 대한 이해와 올바른 해석이 필요하다.

1.4.2. 인간-환경-작업 이론의 틀

인간은 환경에 도전하고 적응하면서 끊임없이 변화해왔다. 또한 인간의 전반적인 삶의 환경 안에서 상호작용하며 살아간다. 인간과 인간을 둘러싼 환경과는 필연적 관계라 할 수 있다. 작업들은 그 과정에서 생긴 산출물이다. 인간의 작업수행은 인간-환경-작업 간의 역동적이고 교류적인 관계로 인한 산물이며 세 요소들이 서로 잘 융합될 때 최상의 작업수행이 이뤄지고 성공된 삶을 살게 된다(Christiansen과 Baum, 1996). 인간-환경-작업이론은 장애인의 삶을 목적 있는 삶과 사회적 참여활동으로 이끄는 재활치료이론의 패러다임이다. 한 개인이 장애로 인해서 겪을 수 있는 다양한 환경적 요건, 사회적 요건들을 개선시키기 위한 치료이론이다. 원예작업치료에 있어서 이 같은 이론을 적용할 때 인간, 작업, 환경의 3가지의 요소를 평가하고, 각각의 요소를 최대화하여, 작업수행이 잘 이루어지도록 치료해야 한다. 먼저 작업은 인간에게 의미 있고 목적 있는 과제들의 조합이다. 집, 학교, 지역사회 환경에서의 역할이 포함된다. 두 번째 인간은 운동, 인지, 감각, 지각, 의사소통, 감정적 체계로 구성된다. 이러한 개인적 능력을 조절하게 하고 현재의 과제와 활동을 효율적으로 수행하도록 환경적 조절과 도움이 필요하다. 원예작업의 치료효과를 높이기 위해 작업수행을 증진시켜야 하는데 이를 위해 사람, 작업, 환경 세 측면의 변화를 촉진해야 한다. 이는 작업수행영역이 커질수록 삶의 질이 향상되기 때문이다. 원예작업치료가 단순한 기능활동에 머물지 않고 전문적 치료 수단이 되기 위해서는 환경과 상호작용하며 변화하는 복합구조로서의 '인간'을 평가하고 조절하는 치료접근이 필요하다.

1.4.3. 인지행동이론의 틀

인지행동 이론의 기본 가설은 생각을 바꿈으로써 정서와 행동을 수정하여 문제가 되고 있는 증상을 해결하는 치료 이론이다(Beck, 1979). 인지행동이론은 인간은 자신의 인지, 감정, 행동에 대한 자기조절과 관리방법을 배우며 균형을 이루게 하기 위해 자기관리를 할 수 있다고 본다. 인지행동기능의 장애로 낮은 현실감각, 낮은 모방 기술, 적응에 대한 무능력으로 자기조절이 어렵게 된다. 치료를 통해 개인의 잘못된 개념과 부정확한 생각을 수정함으로써 자기조절을 하게 되고 행동을 수행하게 된다. 개인이 자신의 감정적인 문제를 해결하고 변화에 책임을 받아들여야 한다는 것에 중점을 두고 있다. 정서장애 치료에서 인지모델이 기초가 된다(Allen, 1987). 치료는 과제를 수행하면서 부정적인 생각을 바꿈으로써 정서와 행동을 수정하고 문제가 되고 있는 증상을 완화하고 해결하도록 구성한다. 부정적인 생각은 성공에 대한 기대감과 수행의 효율성을 감소시킨다. 부정적인 생각을 긍정적인 것으로 변화시킬 수 있다면 문제를 해결할 수 있으며, 그에 따라 따라서 수행능력은 증가될 것이다. 인지치료는 인지적, 감정적, 행동적 교육을 목표로 하며 다양한 기법을 사용한다. 개별적인 훈련, 모방 기술, 완화, 관리, 인지적 과제수행, 일상생활, 직업, 여가에서의 모든 기술 발달을 강조하여 치료한다. 장점으로 현실적인 시간 내에서 변화를 촉진시킬 수 있으며 단점으로는 심한 인격장애, 인지장애에는 사용하기에 적합하지 않다.

1.4.4. 환자중심이론의 틀

환자에 중점을 둔 두 가지 실행모델로서, 캐나다 작업수행 측정(COPM)과 Christiasen과 Baum(1997년)에 의해 만들어진 환자 중심의 작업치료이다. 사람, 환경, 작업관계에서 환자를 강조한다. 인간을 신체적, 인지적, 장애를 가진 존재로 보는 것이 아니라 전체적으로 바라본다. 작업수행은 인간과 환경 간의 복잡한 유대관계의 결과이기 때문에 환자 자신의 자발적인 현실적인 목표와 만족감과 의미가 있어야 한다. 인간이 가진 자아정체감, 역할, 과제, 활동으로 작업을 성공적으로 할 수 있다. 인간은 자신의 환경을 관리하고 자신의 작업에 만족할 때 성공적인 수행이 나타난다. 사고로 기능장애가 생기면 환경관리를 방해하거나 자신의 작업역할에 상실하게 된다. 치료의 과정에 서비스 수혜자를 존중하고 동반자로 인식하는 철학적 기반에 근거하여 적용하는 기술이다(Law 등, 1995).

원예작업치료에서 환자 중심 이론에 따라 치료를 실행하기 위해서는 환자가 치료사와 함께 문제를 해결하기 위해 노력하도록 유도해야 한다. 환자의 일상생활, 동기를 부여하는 것이 무엇인지, 환자가 환경을 관리하는 능력이 있는지 등을 고려하여 다양한 접근을 할 수 있다. 모든 과정이 유연하게 환자 중심으로 이뤄지도록 유도하는 특징이 있다. 환자에게 자신의 결정에 대한 최종 책임을 갖도록 유도한다. 장애상태와 인지기능이 제한된 환자들도 과제와 치료결정에 참여할 수 있도록 하는 것이 중요하며 치료사의 공감적 반응이 치료과정의 주동력이 된다.

Rogers(1959)의 '인간 중심의 치료(Person-centered Therapy)'는 인간에게는 스스로 자신의 길을 발견하고 성장해 나갈 수 있는 잠재능력이 있다는 기본철학을 바탕으로 하고 있다. 치료자의 역할은 환자 자신의 문제해결 능력을 스스로 되찾고 인간적인 성숙을 기할 수 있도록 도와주는 것이어야 한다는 것이다.

1.4.5. 원예작업치료의 진행

원예작업치료의 진행을 위한 실행방법으로는 정보수집, 평가방법, 중재 기술의 사용, 치료이론과 목표 설정과 재평가 등이 포함된다. 원예 작업을 치료로 활용하려면 대상자에게 의미 있는 목적이 부여되어야 한다. 그다음에 원예작업에 적응시키고 좋은 습관화가 되게 하여서 인간생존의 기본적인 독립적 수행 능력을 기르고 더 나아가 인간의 휴식, 여가 및 일 등의 기능적인 단계로 유도하는 과정이 필수적이다. 지적장애인과 기능장애자뿐만 아니라 일반인에게도 필요한 과정이다. 원예작업치료에 첫 단계는 작업수행분석이다. 개인별 원예 작업의 능력 평가와 면담으로 각자의 필요한 원예작업을 선정할 수 있다. 이러한 과정이 있어야 개인별 목적에 맞는 작업을 선택하게 되고 신체적·심리적·사회적 재활효과가 있다. 이러한 과정 없이 행해지는 것은 단순한 활동수준에 머물게 된다. 원예작업은 어떠한 작업보다 쉽기 때문에 적응력이 높아지고 그에 따라 작업에 대한 만족감과 성취감이 높아지고 개인별 행복감을 주어 자존감을 높일 수 있는 작업으로 가치가 있다. 원예활동에 목적이 없을 때 단순한 활동에 머물게 되지만, 인간이 하고자 하는 의미를 가지고 목적을 부여 받을 때 치료효과를 얻게 된다. 또한 원예작업은 작업시간의 조절과 다양한 활동으로 수행되어야 환자에게 의미 있고 목적 있는 작업을 하게 되고 행복감과 성취의 기쁨을 주어 제한된 신체장애와 심리적인 성취능력을 회복할 수 있도록 도와준다.

1.5. 원예작업치료의 형태

1.5.1. 재배작업

원예작업치료에 활용되는 원예작업 중 재배작업은 심고, 가꾸고, 기르는 작업으로 인간의 일차원적인 물리적 욕구를 충족시켜준다. 단순작업이면서 신체적 활용이 높아 신체장애 환자의 기능증진을 위해 활용된다. 정서적으로 만족감의 증진과 삶의 보람을 갖게 하여 자존감을 향상시킨다. 사회적으로 대인관계를 촉진시키는 매개체로 수확물이 활용되어진다. 정원 산책은 긴장을 달래주는 작업으로 이용된다. 정원을 산책하거나 식물을 관람하는 활동은 근육의 힘이 약하고 손을 잘 움직일 수 없는 환자들조차도 만족할 만한 결과를 얻을 수 있다. 인지과정을 별도로 필요로 하지는 않지만 환자에게 좋은 결과인 자아존중감 증진과 같은 결과를 가져다줄 수 있다. 재배활동으로 주의력, 집중력, 계획 짜기, 공간관계, 전후 관련 추리와 소근육 조절능력을 증진시킬 수 있는 좋은 기회를 제공한다. 치료중재에 있어서 원예작업의 가장 큰 특징은 식물이 가지고 있는 생명력에 있으므로 재배의 기쁨을 알게 하는 것이 무엇보다 중요하다. 식물은 생육환경에 따라 재배 특성이 다르므로 식물의 생육환경을 잘 이해하고 맞춰주는 것이 좋다. 대상자들이 식물을 잘 기르면 많은 성취감과 자신감을 얻게 되지만 이와 반대로 잘 기르지 못하면 좌절과 실패를 맛보게 된다. 그러므로 식물재배의 전반적인 교육이 필요하다. 또한 원예기술을 이용하여 기르는 공간을 이해하고 병충해가 없고 잘 자라는 식물을 선택하고 잘 재배될 수 있는 조건을 만들어 가는 것이 중요하다.

① **씨앗뿌리기(파종):** 씨앗을 파종하는 것이 생명활동의 시작이다. 매일 씨앗에서 싹이 나는 발아과정을 주의 깊게 관찰해보고 씨앗이 발아하여 꽃이나 열매를 맺을 수 있도록 도와줄 수 있도록 한다. 종자파종은 여러 가지 과정이 포함되어 있는 비교적 복잡한 작업이므로 인원이 많거나 집중력이 약한 대상자의 경우에는 가급적 피하는 것이 좋다.

② **삽목:** 삽목을 하면 모식물과 동일한 식물을 대량으로 증식할 수 있으므로 다른 사람에게 선물을 할 수 있다.

③ **이식(화분이식, 분갈이):** 식물은 생육단계에 알맞은 환경이 필요하다는 것을 인식하도록 할 수 있다.

④ **식물관리(적심과 적아, 지주와 유인):** 식물은 사람의 손질에 따라서 생육 양상이 달라질 수 있음을 알 수 있다.

⑤ **채소의 재배와 수확:** 자신이 재배한 것을 직접 수확하여 먹을 수 있도록 하며 신선한 채소의 맛을 느껴볼 수 있다.

⑥ **물관리:** 매일 아침과 저녁에 일정한 물을 주어 관리하는 작업이다. 용기를 이용하거나 전용 분무기와 스프링클러와 같은 기계를 이용하기도 한다.

1.5.2. 화훼장식

화훼장식은 꽃을 이용하여 장식하는 기술로서 화려한 색감과 다양한 소재들로 짧은 시간 안에 대상자의 관심을 끌 수 있는 장점이 있으므로 원예작업 프로그램의 초반 활동으로 적합하다. 화훼장식을 하게 되면 상지 조력과 인내력 증진을 필요로 하는, 신체적 장애를 겪고 있는 환자들에게 많은 다양한 기회를 제공한다. 화훼소품을 완성하면 거의 모든 정신과 환자들의 공통적인 문제점인 자아존중감과 자아의식을 증진시키는 데 크게 기여할 수 있다.

화훼장식에서 사용되는 소재의 특성은 색감이 화사하고 절화의 수명이 오래가는 꽃이 효과적이다. 또한 무엇보다 계절감을 느낄 수 있는 소재를 선택하는 것도 중요하다. 한 송이 꽃포장, 꽃바구니, 협동 꽃꽂이, 코르사주, 하트오아시스틀 꽃꽂이, 니스 만들기 작업이 있다.

1.5.3. 원예를 응용한 활동

원예응용작업은 식물을 재배하거나 꽃을 장식하는 단계를 이용하여 일상생활에 응용하는 기술이다. 일반 응용으로 원예를 이용하여 완성된 작품이 거의 영속적으로 남기 때문에 자신감과 관련이 깊은 성취감을 주는 데 아주 적당하다. 또한 근육조절(Motor Control), 대상물을 조작하는 능력을 키우게 된다. 이러한 활동으로 자기표현을 고무시킬 수 있다. 원예 관련 사진이나 작품을 감상하는 작업은 병실에 누워 있어야만 하는 환자들에게 사용될 수 있다. 상처가 완전히 치유된 화상환자는 원예작업을 함으로써 수축된 부분을 부드럽게 할 수 있다. 성인 정신질환 환자들의 감각 통합을 도울 수 있는 다양한 활동이 가능하다. 단순한 일반 원예활동으로 노인으로 하여금 활동에 다시 참여할 수 있도록 유도할 수 있는 방법이 될 수도 있다. 식물을 기르도록 하고 그 식물을 이용하여 요리로 활용하는 것이 대표적인 예가 된다. 허브 카나페, 새싹비빔밥, 허브차, 국화차, 유자차, 부추부침, 화전 등이 있다. 자연물을 이용한 만들기 작업으로 낙엽발, 누름꽃(압화) 장식, 포푸리 장식품 만들기, 그룹 달력, 자연물 액자 등이 있다.

제2장 원예작업치료와 효과

2.1. 원예작업 수행분석 개요

인간 삶의 주요한 활동영역을 나누어 보면 자신의 건강관리를 위한 기본적인 자기관리적 활동과 생산적인 일적 활동, 놀이와 여가이다. 이러한 영역에서 인간의 기본적인 활동이 성공적으로 가능해지기 위해서 충족되어야 할 수행요소가 있다. 이러한 수행요소가 무엇인지를 공부하고 분석하는 과정을 통해서 치료적 원예활동에 접근할 수 있게 된다.

먼저 원예작업을 작업적으로 분석하여 그것이 주는 효과를 살펴보고자 한다. 원예작업에 대한 수행요소별 효과를 다음과 같이 6개의 항목으로 분류하였다. 신체적 기능향상 효과, 지각·인지적 효과, 심리·사회적 기술 향상효과, 감각·지각·인지기술의 향상 효과, 교육적 효과, 직업적 효과이다.

2.2. 신체적 기능향상 효과

다양한 원예작업의 종류나 활동장소에 따라 신체운동의 목표를 적절히 설정하여 일정 기간 수행하면 운동 및 실행기능 향상의 효과를 볼 수 있다. 즉, 자세조절 및 균형능력의 증가, 근력 및 지구력 향상, 관절가동범위의 증진 및 유지, 협응력 향상(대운동 협응, 눈과 손의 협응, 손의 기민성), 운동조절능력 향상, 지구력 증진을 유도할 수 있다. 역사적으로 원예작업을 통한 활동은 인간의 기초적인 생존활동이자 인간의 건강을 유지하는 기초가 되는 신체활력을 증진시켜 왔다.

2.2.1. 관절가동범위(Range of Motion) 증진과 유지

관절가동범위란 관절에서 가능한 운동의 양이다. 신체 부위의 관절에서 원을 따라 각이 만들어지면서 움직이며 각 관절마다 정상 범위가 다르게 유지된다. 정상적 관절 가동범위의 유지는 관절의 건강과 밀접한 연관이 있으므로 관절가동범위의 유지와 증진은 건강

관리의 기초선이라 할 수 있다. 자신의 의지에 따라 수의적 근육에 의해 관절이 움직이는 것을 관절의 능동적 가동범위(Active Range of Motion: AROM)라 하며 외부의 힘을 이기고 관절을 움직일 때 근육에 힘이 생기게 된다. 치료자의 조절이나 외부의 힘에 의해 관절이 움직여서 이루어지는 관절 각도를 수동적 가동범위(Passive Range of Motion: PROM)라고 한다. 사고에 의해 관절과 근육에 문제가 생기면 정상 각도에 제한이 오게 되고 일상생활에 장애가 있게 되어 사회참여의 범위가 줄어들게 된다. 만일 어깨 관절을 다쳐서 0도에서 180도였던 정상 범위가 0도에서 90도로 제한이 된다면 물건을 머리 위로 들어 올리지 못하게 된다. 다양한 환경을 제공하는 원예활동을 할 때 상지(몸통, 목, 어깨, 팔꿈치, 손목, 손가락관절)가 굴곡, 신전, 외전, 내전, 회전되어 각각의 각도가 나타나 정상 각도를 유지하고 제한된 각도를 증진시킬 수 있다.

알아두세요

신체에서 나타나는 관절운동 범위 용어는 다음과 같다.
- 굽힘(굴곡): 관절이 접히는 쪽으로 최대한 구부러지는 각도
- 폄(신전): 관절이 펴지는 방향으로 최대한 펴지는 각도
- 모음(내전): 관절이 몸 중심으로 가까워지는 각도

1) 가슴 높이에 있는 식물에 물주기

◀ 허리와 무릎이 굽힘, 팔이 몸 앞과 위로 올라가는 폄과 굽힘, 팔이 몸통 옆으로 멀어지는 외전, 팔이 뒷목 가까이 가는 내전, 팔이 엉덩이 근처로 가까워지는 외회전이 되어 정상 각도를 증진시킨다.

2) 바구니에 꽃을 꽂을 때

◀ 어깨는 고정되어 내전되고, 팔꿈치는 90도 굴곡되고, 손목은 굴곡과 신전이 번갈아 일어나며, 손가락은 굴곡과 신전하며 집는 기능이 반복된다.

3) 정원 산책

◀ 관절이 고정되지 않고 처음의 자리로 돌아오는 반복 동작이 이뤄져야 하며 운동범위가 크면 클수록 관절각도가 증가된다. 정원에서 보행훈련을 하는 경우 안전봉을 잡고 주변의 식물을 감상하기 위해 반복적으로 걷는 운동이 가능하며 다리의 관절운동이 이뤄진다.

2.2.2. 대근육 협응(Gross Coordination)

통제할 수 있는 목적지향적인 움직임을 위해 큰 근육군을 사용하여 활동한다. 협응은 몇 가지 근육군을 사용하는 대근육 활동의 기술과 수행, 양손을 번갈아가며 공을 주고받는 기술과 같은 조절 능력을 말한다.

1) 양손으로 식물에 물주기

◀ 양팔을 동시에 사용하여 작업을 수행한다. 한쪽 어깨가 90도로 굴곡되고 다른 쪽 팔은 팔꿈치와 같이 90도로 굴곡되었다가 펴지는 각을 만들어 준다. 이때 손목과 손가락은 고정되어 물통을 고정한다.

2) 양팔로 토양 섞기

◀ 질 좋은 토양을 만들기 위해 정원 한쪽에 분갈이 토양과 비료 등을 섞어서 사용하며 좋은 흙을 만들기 위해 삽을 이용하여 섞는 과정이 필요하다. 섞는 작업을 서서 하거나 앉아서 할 때 양팔로 삽을 잡고 어깨를 위아래로 움직이는 협응이 필요하다.

3) 토피어리 만들기

◀ 한 손으로 토피어리를 잡고 다른 한 손으로 장미를 꽂을 때와 같이 양손을 동시에 교대로 사용하는 능력이 활용된다. 양팔과 손에 조절하는 힘이 없다면 작업을 할 수 없다.

4) 절화 줄기 정리

◀ 가시제거기를 이용하여 한 손으로 가지를 잡고 한 손으로 장미가시제거기를 위에서 아래로 내리는 작업은 양손이 교대로 쓰이고 협조해야 수행이 가능하다.

2.2.3. 소근육 협응과 기민성(Fine Coordination & Dexterity)

사물을 조작할 때 움직임을 통제하기 위해 손가락과 손바닥에 있는 여러 개의 소근육군을 사용한다. 기민성(Fine Coordination & Dexterity)은 소근육을 사용하는 과제에서 보여주는 기술과 수행, 일정한 시간에 콩을 옮길 수 있는 수행능력을 말한다.

1) 나무줄기 토막에 와이어를 통과시키는 작업

◀ 어깨는 고정되어 내전되고, 팔꿈치는 90도 굴곡되어 고정되고 주로 손목과 손의 작은 근육이 움직여 작업을 한다. 손목은 굴곡과 신전이 번갈아 일어나고, 손가락은 굴곡과 신전하며 엄지, 검지(식지)가 만나 집는 기능이 반복되며 반대편 손가락과 주고받으며 완성된다. 소근육이 주로 쓰이면서 빠르게 연결된다.

2) 파종과 식재

◀ 손가락을 사용하여 파종하거나 토양을 분리하는 작업을 빨리 연속적으로 한다. 활동을 할 때 손가락 관절 움직임을 최대한 사용하는 기술과 수행이 된다.

3) 한 송이 꽃포장

◀ 양손의 협응력을 기르고 미세손동작을 훈련하기 위해 엽란 잎에 구멍을 뚫고 줄을 연속적으로 연결하도록 한다.

2.2.4. 근력(Strength)

사물이나 중력에 대항하여 움직임이 일어날 때 근육 힘의 정도가 다르게 적용된다. 어떤 활동이든 적절한 부위의 근육을 적절한 힘으로 사용하는 것이 필요하다. 원예작업에서도 상지(어깨, 팔꿈치, 손목, 손가락관절)나 하지(고관절, 무릎 관절, 발목관절)의 근육이 힘을 쓰도록 작용된다. 공간 속에서 근육과 관절을 움직일 수 있다면 중력을 이기는 정상 수준이며 무게와 횟수가 많아질수록 근력이 증가하게 된다.

1) 분갈이 토양을 만드는 작업

◂ 어깨와 팔꿈치는 고정하는 힘이 들어가고 어깨와 가슴근육이 흙을 들고 엎을 때 힘이 들어가 근력이 증진된다. 다른 작업보다 최대근력이 필요하다. 무게가 무거울수록, 반복을 많이 할수록 최대근력을 기를 수 있다.

2) 작은 가지로 절지하는 작업

◂ 꽃가위로 가지를 자를 때 손에 주먹을 쥐는 힘이 작용하게 되어 반복할수록 손의 악력이 증진된다.

2.2.5. 지구력(Endurance)

심장, 폐 및 근·골격계가 일정시간 이상 그 기능을 지속하는 능력을 말한다. 원예활동은 사람으로 하여금 몰입하게 하여 어느새 시간이 지났는지를 모르게 하는 매력이 있다. 이처럼 원예활동을 하는 시간이 늘어나면 늘어날수록 신체의 지구력이 늘어난다.

1) 재배활동

◂ 재배활동에 몰입하여 원예활동을 할 수 있는 시간이 늘어난다. 초기에는 10분 정도 정원활동을 했던 환자들이 석 달 뒤에는 40분 이상을 정원활동에 참여하여도 힘들어하지 않게 되었다.

2) 부케와 코르사주 만들기

◀ 코르사주를 만들 때 여러 가지 재료와 잎의 가지를 플로랄 테이프로 감는 작업을 연속적으로 할 때 작업에 대한 지구력이 증진된다.

2.2.6. 자세 배열/자세 조절

1) 테이블 작업

◀ 뇌졸중 때문에 몸 왼쪽이 반신마비된 환자가 실내의 테이블에서 원예활동을 하는 동안 의자에서 옆으로 쓰러지지 않도록 발을 바닥에 닿게 하고 왼손은 테이블 위에 바르게 유지하고 의자에 허리를 붙이게 하여 40분간 원예작업을 수행하였다. 이 자세는 신체가 역학적으로 배열이 이뤄지는 자세이며 이 같은 바른 자세가 원예작업에 몰입하는 동안 꾸준히 유지되었다.

2) 정원 활동

◀ 일정한 자세를 유지하여 중심을 잃지 않고 활동하는 능력이 있어야 독립적인 걷기가 가능해진다. 원예활동을 하는 동안 중심을 잡는 훈련이 이뤄지며 다양한 손동작이 동시에 이뤄진다.

2.2.7. 정중선 교차(Crossing the Midline)

신체의 정중선을 지나서 팔, 다리, 눈을 움직여 활동을 하는 능력을 말한다.

1) 공동작업

◀ 원예재료를 옆으로 전달할 때 자신의 배꼽선을 넘어서 작업 수행이 이뤄지며 공동작업을 하게 되면 신체의 중심선을 넘어서 작업을 수행하게 되어 양방향 근육이 사용된다.

2.2.8. 시각-운동통합(Visual-Motor Integration)

활동하는 동안 신체의 움직임과 눈으로 들어오는 정보를 서로 조화롭게 통합하여 사용한다.

1) 견본을 보고 따라 하기

◀ 잘 만들어진 견본을 보거나 설명을 듣고 순서대로 따라 연속적 수행으로 하게 된다. 로즈메리 토피어리를 만드는 전정 작업을 할 때 견본 토피어리를 눈으로 보고 그대로 따라 하며 전정 작업을 하면 시각과 손의 운동 통합이 이뤄지게 된다.

2) 메모하기

◀ 화분에 별명을 붙여 주거나, 이름표를 붙이기 위해 글을 쓴다.

2.2.9. 구강-운동조절(Oral-Motor Control)

구강의 통제된 움직임을 위한 구강-후두 근육의 협응능력이 있다.
1) 꽃 이름과 식물의 이름을 말하고 기억하여 다시 말한다.
2) "고향의 봄", "아리랑", "개나리 처녀" 등의 노래를 부른다.
3) 원예활동의 순서와 느낌을 소리를 내어 전달한다.

2.3. 지각 · 인지적 효과

인지적 통합능력은 고차원적 뇌 기능 사용을 위한 능력들로서 인간의 삶을 유지하고 관리하는 데 필수적인 요소들이다. 원예작업치료에 적용되는 식물과 작물의 종류가 매우 다양하여 인지적인 재훈련의 기회를 제공하며 다른 치료법과 달리 여러 가지 방법으로 실행할 수 있는 특성이 있다. 원예활동을 통해 활용되는 인지적 요소로 집중력 향상, 지남력 향상, 이해력 및 판단력 향상, 학습능력 향상, 문제해결능력 향상 등이 있다.

2.3.1. 지남력(Orientation)

사람, 장소, 시간, 상황을 인식하고 기억하는 능력을 말한다. 오늘이 몇 년도, 몇 월, 며칠, 무슨 계절인지를 아는 것이다.

1) 계절달력 만들기

◀ 월별마다 식물과 꽃을 이용한 달력을 만들어서 연도, 일, 요일, 기념일을 기억하면서 장소 · 사람 · 시간에 대해 인지한다.

2) 낙엽 줍기

주변 식물의 변화를 보면서 사계절의 변화를 인지한다.

◀ 낙엽을 모으며 가을임을 알게 되고 가을의 아름다움과 가을을 즐길 수 있는 원예활동을 경험하게 한다. 산책과 야외 활동을 통해 다양한 사계절과 식물의 변화를 인지한다. 압화건조하여 시간 · 장소 · 사람에 대한 변화를 재기억하게 한다.

2.3.2. 기억(Memory)

1) 단기 기억: 최근에 일어난 일, 만난 사람을 기억한다. 5분 이내의 일을 기억한다(예: 활동시간 안에 일어난 일과 식물의 이름과 그룹원의 이름을 기억하게 한다).
2) 장기 기억: 과거의 일이나 사람을 기억한다.

◀ 쑥, 토끼풀, 보리 등 식물과 연관된 과거 일들을 기억하게 한다.
◀ 과거에 불렀던 동요나 봉숭아물을 들이며 어린 시절을 회상하게 한다.

2.3.3. 주의 집중 기간(Attention Span)

작업을 하는 데 필요한 집중시간을 말한다.

◀ 원예활동에 몰입하는 재미를 높여 가면서 집중시간을 늘려 간다.
◀ 국화 분재를 하면서 잎을 따다 보면 노인의 집중력이 향상된다.

2.3.4. 활동의 시작(Initiation of Activity)

활동의 시작하는 시점과 필요한 것들을 인식한다(예: 처음 시작할 때 양손을 맞잡고 인사를 하게 하거나 노래를 부르며 시작을 한다).

2.3.5. 활동의 종료(Termination of Activity)

활동 종료하는 시점과 정리를 인지하게 유도한다.

2.3.6. 순서 인식(Sequencing)

◀ 원예활동의 종결을 일이 완성되기까지의 순서를 안다.
◀ 원예작업이 완성되기까지의 순서를 안다.
 - 일의 순서를 단계별로 요약하여 반복해서 알려 준다.
 - 식물의 생장이나 분갈이 재배 등의 순서를 알아간다.
 - 이끼를 이용한 볼 토피어리의 순서를 듣고 따라해 본다.

2.3.7. 문제 해결하기(Problem Solving)

문제 발생 시 순서에 따라 해결하는 능력문제인식, 계획 설립, 조직, 실행 그리고 결과를 평가하는 능력을 말한다.

◀ 순서와 방법에 따른 원예활동 중 문제 발생 시 해결하려는 기능: 국화 분재 시 가지를 꺾은 경우 도와 달라고 하거나 다시 주지를 정하여 와이어를 감는다거나 계획을 수정하여 다른 모양으로 만들어 갈 계획을 세우는 기회를 갖게 된다.

2.3.8. 학습(Learning)

새로운 개념과 행동을 적응하기 새로운 지식을 받아들이는 능력이다.

◀ 원예학습: 야생화와 풀들을 표본으로 만들어 보고 새로운 풀 이름을 배우며 새로운 지식을 받아들이는 능력을 기를 수 있다. 식물재배와 생리를 배운다.

2.3.9. 개념 형성(Concept Formation)

생각과 아이디어를 만드는 과정으로 생각을 정리하고 만들기 위해 다양한 정보를 조직화하고 원예작업을 통해 이전 경험을 바탕으로 새 작업에 도움을 준다.

◀ 이전의 원예활동물을 활용하는 원예작업: 이전 경험을 바탕으로 새 작업에 도움을 준다(예: 미리 채취하여 둔 담쟁이잎을 이용한 장식용 볼 만들기).

2.3.10. 일반화(Generalization)

다양한 새로운 상황에 과거에 학습한 개념과 행동을 적용하는 것이다. 수 개념이나 듣고 이해하기와 같은 사전 지식이 활동에 도움이 된다.

◀ 디자인, 자연과학, 수 개념, 환경원예 등 다른 지식을 원예학습에 추가하여 작품을 완성해 간다.
◀ 잎을 이용하여 돛을 만들고 꽃을 이용하여 장식하여 전시회를 실시하는 등 원예를 이용한 작품 활동을 경험한다.

◀ 사전 경험이 원예활동에 도움이 된다. 부침개를 만드는 사전 지식을 이용하여 정원의 두메부추를 호박과 함께 전을 만들며 즐거운 활동을 한다.

2.4. 심리·사회적 기술 향상

원예작업은 타인과 함께함으로써 자연스럽게 사회적인 교류가 강화되고 식물과 사람과의 상호작용이 촉진되는 효과가 있다. 재배작업을 통해 얻어지는 산물을 다른 사람에게 주는 기회가 주어지게 되고, 그 속에서 격려와 지지를 받게 되어 심리적인 상호반응이 유도

된다. 원예작업을 통해 대인관계가 향상됨은 물론 자기의 존재가치를 깨닫게 되고 사는 보람을 갖게 하는 수단이 된다(Williams, 1990). 정서적인 효과 측면에서 볼 때, 식물을 키우면서 애착관계가 형성되고 성취감을 통해서 자신감과 자부심이 증가하며, 이를 통해서 자제력을 증진시킨다. 그리고 식물이 생육하는 모습 속에서 내일에 대한 희망을 갖게 되고 창의력과 자아표현을 발전시킨다(Relf, 1981; Airhart & Kathleen, 1990). 성취감 및 자아존중감 향상, 대인관계기술 향상, 협동심과 역할 수행능력 또한 향상시킬 수 있다.

2.4.1. 심리적 요소

1) 가치(Value)

자신과 타인에게 중요한 생각이나 신념을 말하는 능력으로 의사소통에 있어서 목소리를 이용하거나 보조도구를 사용한다.

◀ 원예활동을 하면서 자연과 식물의 필요성을 인지하고 의미를 부여한다.
◀ 사계절의 변화와 식물의 변화과정에 인생의 삶과 죽음의 과정을 이입하여 자연의 순리와 법칙의 가치를 부여한다.

2) 흥미(Interest)

원예작업을 즐겁게 하거나 주의 집중을 유지하는 신체적, 정신적 활동능력이다.

◀ 유자차 만들기: 유자차를 만들며 달고 새콤한 유자와 설탕의 맛을 보며 기쁨과 흥미를 느낄 수 있다. 우울감·불안감 개선 효과가 있다. 쉽고 재미가 있는 활동으로, 접하게 되면 흥미를 느끼게 되고 동기가 부여된다.

3) 자아개념(Self-concept)

신체적, 정서적, 감정적, 성적인 행복을 가치 있게 생각하는 능력으로 자아의 가치를 계발하는 것을 말한다.

◀ 원예활동을 잘하게 되면서 나도 이런 일을 잘할 수 있다는 것을 인식하고 자신감을 갖는다.

◀ 자신의 신체에 대한 감각을 인지하게 된다. '나도 할 수 있다' 는 자기효용감이 높아진다.

◀ 생물의 존재감을 느끼고 자신의 존재를 인지한다.

◀ 정체성 회복에 도움을 준다(예: 마비된 왼손으로 나뭇잎을 자르며 왼손을 영영 못 쓰는 것이 아니라 느리지만 할 수 있다는 자신감을 갖게 되었다).

2.4.2. 사회적 요소

1) 역할수행(Role Performance)

사회에서 배운 기능을 확인하고 균형 있게 유지하는 능력과 사회적 역할 수행능력이다.

◀ 그룹작업으로 크리스마스 리스 만들기: 원예활동은 다른 사람을 기쁘게 하고 좋은 이웃으로서의 역할을 하게 한다. 그룹활동을 하면서 그룹의 일원으로 맡은 일을 수행하게 되면 역할 수행에 대한 인지가 이뤄진다. 완성 후 서로의 역할에 대해 칭찬과 격려를 하며 역할 수행을 독려할 수 있다.

2) 사회적 행동(Social Behavior)

예절, 사생활 공간, 눈 맞추기, 제스처, 능동적 청취 그리고 자기표현 등을 이용하여 자신이 속한 환경과 적절하게 상호작용하는 능력이다.

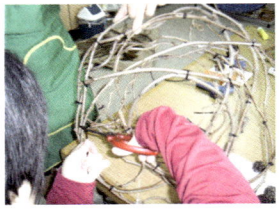

◀ 대인관계기술: 원예활동을 하면서 다른 사람과 대화하게 되고 사귀는 일이 쉬워졌다.

◀ 참여증진: 원예활동과 식물의 성장과정을 지켜보면서 참여를 증진시킬 수 있다. 예로 식물이 발아하고 꽃이 피고 열매 맺는 성장과정을 지켜보고 결과물을 얻는 과정에서 참여를 유발할 수 있다. 이런 과정을 통해 사람은 자신감, 성취감을 얻게 되고 원예 전반적 관심을 갖게 되며 긍정적 삶을 영위하는 데 있어 많은 도움을 얻게 된다.

3) 인간관계 기술(Interpersonal Skills)

다양한 상황에서 상호작용하기 위해 언어적·비언어적 의사소통 수단을 사용하는 능력이다.

 ◀ 작품의 이름을 창의적으로 표현하고 서로의 작품을 평하며 자신의 의사를 표현할 수 있다.

4) 자기표현(Self-expression)

자신의 생각, 느낌, 욕구를 표현하기 위해 다양한 기술과 양식을 사용하는 능력이다.

 ◀ 나를 닮은 야자 토피어리 만들기: 자신의 얼굴을 표현하거나 꾸밈으로 자신을 표현하게 된다. 원예식물로 표현된 자기는 예쁘고 귀엽게 생명력 있게 표현되어 긍정적인 자아표현을 하는 경험을 하게 된다. 식물에 대한 느낌이나 활동 과정 중에 흥미 있는 부분을 표현하며 다양한 자신의 감정과 생각을 표현한다.

5) 대처기술(Coping Skills)

스트레스와 관련된 반응을 확인하고 관리하는 능력으로 자신의 감정을 알고 어려운 상황을 성공적으로 조절하는 관리 방법을 아는 것이 필요하다.

 ◀ 활동 중에 스트레스가 되는 문제를 다른 방법으로 시도하여 해결한다. 이끼를 시간 내에 감는 것이 어려운 경우 2인 1조로 그룹을 만들어 시간 내에 해결하도록 제안한다.

6) 시간관리(Time Management)

건강과 만족을 높이기 위해 자조-활동, 일, 여가활동을 균형 있게 계획하고 참여하게 한다.

◂ 작업을 시작하고 마무리하는 시간을 조절할 수 있도록 한다.

◂ 치료시간을 준수하기 위해 계획을 세우고 활동단계별 시간을 지키기 위해 훈련하는 기회가 된다.

7) 자기조절(Self-control)

환경적 요구, 제한 , 포부, 다른 사람들의 반응에 따라 자신의 행동을 수정하는 능력이다. 자신이 타고난 부분에 대해 이해하고 긍정적인 반응으로 개발하여 활용하는 능력이다.

◂ 활동 결과에 대한 반응에 긍정적인 반응을 하게 되고 더 열심히 활동에 참여하게 된다.

◂ 활동을 마무리하기까지 시간과 자기조절과 문제해결을 적절하게 수행한다.

2.5. 감각·지각·인지기술의 향상 효과

2.5.1. 감각인식과 감각처리(Sensory Awareness & Sensory Processing)

- 감각인식(Sensory Awareness): 감각자극을 인식하고 구별하는 능력이다.
- 감각처리(Sensory Processing): 다양한 감각자극을 수용하고 반응하는 단계이다.

1) 촉각(Tactile)

피부감각 수용기를 통해 들어온 가벼운 접촉, 압력, 온도, 통증, 진동 등을 해석해 본다.

◂ 나뭇잎, 꽃잎, 열매에서 느끼는 여러 가지 자극: 램즈이어를 삽목하며 부드러운 토끼 귀 같은 느낌을 느껴본다. 두껍고 얇은 잎 구별하기, 딱딱하고 부드러운 잎 구별하기, 가시와 같은 자극에 아픈 것 인지하기 등.

2) 고유 수용성 감각(Proprioception)

다른 부위와 관련하여 신체의 한 부위의 위치를 알려 주는 근육, 관절 및 다른 내부조직에서 오는 자극들을 해석해 본다.

◀ 작업 중에 한쪽 팔꿈치가 구부러지고 다른 팔이 펴지는 것을 감지한다.

3) 전정감각(Vestibular Sensation)

내이의 감각 수용기를 통해 머리의 위치와 움직임의 정보를 해석하기, 평형감각을 활용할 수 있는 자세의 변화, 똑바로 서거나 앉은 자세유지, 자세의 전환 등을 말한다.

◀ 작업 중에 상체의 이동, 목의 움직임을 유도하는 활동을 하면서 중심을 잃지 않는 감각을 유지하는 활동들이다.

4) 시각(Visual Sensation)

주변 시야, 시력, 색깔과 형태를 포함한 눈을 통해 들어오는 자극들을 해석하는 활동을 해본다.

5) 청각(Auditory)

소리를 해석하고 위치를 알며 다른 배경소리와 구별해 보는 활동을 한다(예: 새소리, 바람소리, 벌레소리, 토양소리 구별하기 등).

6) 미각(Gustatory)

맛을 해석하는 활동을 해본다. 허브를 이용한 차 마시기, 식용 꽃으로 케이크 장식하기, 새싹채소를 이용한 요리 등으로 맛을 해석한다.

7) 후각(Olfactory)

냄새를 해석하는 활동을 한다. 허브 등 다양한 식물과 꽃을 접하면 향기가 자극이 되어 후각을 활성화한다.

2.5.2. 지각처리(Perceptual Processing)

감각 입력을 의미 있는 형태로 조직화하는 능력이다.

1) 입체인지지각(Stereognosis)

고유 수용성 감각, 인지, 촉각을 이용하여 물체를 확인하는 활동을 한다.

 ◀ 눈을 감고 손으로 물건이 무엇인지를 아는 것을 말하며 토양을 만지며 자갈을 골라내거나 잡초를 뽑아내는 활동으로 눈으로 보지 않고도 손의 감각으로 구별해내는 입체지각 능력을 기르게 된다.

2) 운동성(Kinesthesia)

관절 움직임의 거리와 방향을 알아내 보는 활동을 한다.

 ◀ 식물을 움직이며 가속과 감속의 정도를 조절한다.
◀ 원예재료의 이동거리와 속도, 방향을 조절하게 된다.

3) 통증반응(Pain Response)

해로운 자극을 해석하기. 강한 자극에 아픈 것을 인지하는 것을 말한다(예: 식물의 가시나 거친 줄기를 식별하는 활동).

4) 신체도식(Body Scheme)

신체 내부의 인식과 신체 부위 간의 관계성을 인식하고 팔다리의 위치를 감지한다.

◀ 활동에 필요한 신체 부위를 알고 적용한다.

◀ 그릇을 고정하기 위해 왼팔을 써야 한다.

◀ 작업대에 몸이 가까이 가야 한다.

5) 오른쪽-왼쪽 구별(Right-Left Discrimination)

신체의 한쪽과 반대쪽을 구별하고 오른쪽-왼쪽(Right-Left Discrimination)을 구별하는 것이다.

◀ 왼쪽과 오른쪽의 식물을 찾아서 옮긴다.

◀ 화분의 양쪽을 구별하고 장식해 본다.

6) 형체 항상성(Form Constancy)

환경, 위치, 크기가 달라도 물체와 형태가 같은 것으로 인식하는 활동을 해본다.

◀ 각기 다른 식물, 또는 꽃과 용기를 구별해 본다.

7) 공간에서 위치(Position in Space)

자신이나 다른 사물에 대한 모양과 형태에 대해 공간적 관계를 인식하는 활동을 한다.

◀ 나의 위치를 알고 식물과 물체와의 사이를 감지해 본다.

8) 시각 완성(Visual-closure)

사물의 불완전한 형태를 보고 그것의 완전한 형태를 인식해 본다.

완성본을 보고서 그 형태로 만들어 내는 과정을 통해 시각적 정보를 처리하여 다시 만들거나 분별하는 능력이 길러진다. 또한 견본과 달라지거나 부족한 부분을 완성할 수 있다면 시각 완성의 능력이 증진되는 것이다. 꽃꽂이를 하면서 부족한 부분을 채워 간다.

9) 전경배경(Figure Ground)

형태 및 사물의 전경과 배경을 구별해 보는 것이다.

◀ 식물과 재료들의 전경과 배경을 구분하는 것: 접시 정원을 만들며 식물과 돌과 숯의 위치를 옮기며 배치해 보거나 정원의 식물의 배치를 그려 보고, 산책을 하며 위치를 기억해 본다.

◀ 녹색 잎을 배경으로 하고 꽃을 중앙에 배열하기 위해 구별하고 꽃을 수 있는 활동을 한다. 동일한 색의 잎 중에서 원하는 형태의 잎을 골라낼 수 있다.

10) 깊이 지각(Depth Perception)

사물, 모양, 표식자와 관찰자 간의 거리를 구별하고, 지면으로부터 변화를 구별하며 거리나 깊이를 아는 것을 말한다.

◀ 분갈이: 흙을 어느 정도 넣어야 하는지 안다.
◀ 수경재배: 물을 어느 정도 넣는지, 하이드로 볼과 색 모래를 어느 정도까지 넣어야 하는지 안다.
◀ 재료들과의 거리나 깊이를 안다.

11) 공간관계(Spatial Relations)

사물들 간의 위치를 인식하기, 사물끼리 떨어진 거리를 아는 것을 말한다.

 ◀ 토양과 시금치와의 공간배열을 하며 공간관계가 인지된다. 시금치 모종과 모종들 간의 공간배열을 하면서 줄과 선의 공간을 생각하게 된다.

12) 지형적 또는 지리적 지남력(Topographical Orientation)

사물과 설치 장소의 위치를 인식하고 그 장소의 경로를 인식해 본다.

정원에서 원하는 식물이 있는 곳이나 진입로의 방향을 반복하여 입력되면 지리적 지남력이 향상된다(예: 정원에서 보물찾기).

2.6. 교육적 효과

교육 및 자연학습, 진로 모색의 기회를 제공할 수 있다.
- 식물도감 만들기를 하면서 식물의 분류와 특징을 교육한다.
- 식물의 생리를 교육하며 생물/과학을 교육한다.

2.7. 직업적 효과

원예활동이 습관화되어 원예작업이 되고 직업으로까지 발전시킬 수 있는 효과가 있다.
- 정원활동 중 재배과정을 교육하여 원예관리사로 교육이 가능하다.
- 꽃꽂이 기초과정, 중급과정, 고급과정 등.

제3장 원예작업 수행분석

3.1. 작업수행분석의 이해

3.1.1. 작업은 생활이다

인간의 삶은 작업의 연속체로 이어져 있다고 할 수 있다. 그러므로 인간은 작업적인 존재로서 작업을 통해서 물질적, 문화적, 사회적 환경으로부터 우리 자신을 보호하고 적응해 오고 있다. 인간은 우선 작업을 통해 기본적인 생존에 필요한 것들을 만족시키고, 이후 신체적·정신적·사회적인 능력을 균형 있게 유지하고, 활용하는 방향으로 진화되었다고 하였다(Wilcock, 1998). 작업의 구성체인 활동은 '삶을 위한', 즉 삶에 참여하기 위한 수단이다. 사람은 행복하게 살기 위해 누구나 삶을 살면서 활동을 지속한다. 살아 있는 것은 하고 싶은 무엇인가를 하고 있다는 것이다. 하고 싶은 일이 없는 사람은 생의 목적을 잃은 사람이다. 하고 싶은 그것이 목적이 되는 것이며 활동은 목적 없이 수행되지 않으며 목적을 가지고 있을 때 사람들의 기본 욕구를 충족시킨다. 작업과 목적 있는 활동은 인간 삶의 질과 불가분의 관계이다.

인간의 작업은 손을 사용하여 도구를 사용하는 지혜의 활용에 따라 그 질이 정해진다. 인간은 활동하고자 하는 원초적 욕구를 충족시키기 위해 손으로 하는 작업을 선택했고 보다 창의적인 작업을 발전시키려는 욕구로 현대 과학 문명의 발달이 성취된 것이다. 손을 사용하여 이루어지는 수많은 작업이 인간 삶의 구석구석을 차지하고 있다. 그러므로 손을 사용하는 작업을 교육받고 활용하는 연구로 사회참여의 범위를 늘리고 삶의 질을 높일 수 있다.

3.1.2. 원예작업 수행분석의 목적

원예작업의 활동에서 보통 어떤 동작이 발생하는지 이해하기 위해 활동분석을 한다. 원예작업치료를 개인에 적합한 것으로 적용하고 난이도를 조절하여 흥미를 잃지 않도록 하는 것은 매우 중요한 원예작업치료의 목적이다. 대상자는 어린아이부터 청소년과 노인에 이르기까지 다양하다. 다양한 대상자에 따라 맞춤식 원예작업치료를 제공하는 것이 원예작업치료사에게 중요한 역할이라 하겠다. 그러기 위해 원예작업을 분석하고 활동의 요소들을 구분하기 위해 전문적으로 분석하는 기술을 쌓아야 한다. 활동분석은 환자에게 필요한 과제가 무엇인지를 평가하는 것이며 원예작업을 수행함으로써 얻어지는 좋은 결과를 산출하는 데 필요하다. 원예활동을 수행하는 데 요구되는 신체적, 심리사회적, 신경학적 및 인지적인 면뿐만 아니라 영적, 발달적, 그리고 환경적인 면에서 인간행동을 분석하는 법을 익히는 것이 작업수행분석의 기초이다. 작업수행의 개념을 인지하는 과정은 활동의 단계적 분석을 통하여 발견할 수 있으며 활동의 단계와 요소를 분석하고 활동의 치료적 특성을 개발하게 된다. 삶의 질 향상을 위해 활동에 의미 있는 목적이 부여되어야 한다. 이러한 목적 있는 활동에서 작업에 대한 분석과 통합이 없다면 효과적인 원예작업치료가 이뤄질 수 없다. 이런 작업을 하나하나의 요소로 분석하여 대상자의 수행기술, 수행패턴에 영향을 주는 요소를 찾고 대상자의 강점과 약점에 맞는 중재하는 것이 작업수행분석이다. 목적이 없는 원예활동은 단순노동에 머무르게 되고 피곤함과 짜증으로 연결되어 삶의 질을 저하시키는 요인으로 작용되어 치료의 목적을 상실하게 될 것이다.

3.1.3. 작업수행의 정의

작업수행이란 각각의 활동과 과제를 완수하는 것이다. 인간의 삶은 수많은 작업을 성공적으로 수행함에 따라 만족감을 얻고 삶의 보람을 느끼며 살아가게 된다. 반대로 작업수행이 실패하고 성공률이 떨어짐에 따라 좌절하거나 정체성을 잃기도 한다. 그러므로 성공적인 작업수행은 인간의 삶의 질과 필연적 관계에 있다고 할 수 있다. 모든 작업수행은 인간의 건강증진을 위해 없어서는 안 될 요소이다. 인류의 발전은 끊임없이 점진적으로 일을 함으로써 이루어졌다(Wilcock, 1998). 인간 삶에 작업수행의 영역은 성장하면서 그 범위가 넓어지고 성공적인 삶을 사는 경우 그 영역이 넓혀지게 된다. 영아기 때는 독립적인 수행활동이 0%이지만 20세의 성인이 되면 100% 독립적으로 수행하게 된다. 성공적인 성장이란 독립적인 수행영역을 넓혀 가는 것이라 할 수 있다. 인간의 사회생활에서 독립적인 수행이 늘어날수록 행복과 성취감이 높아진다. 한 개인의 작업수행을 관찰하기 위해 그 작업수행이 일어나는 영역과 요소와 배경을 분석해 보아야 효과적인 작업을 수행하게 할 수 있다.

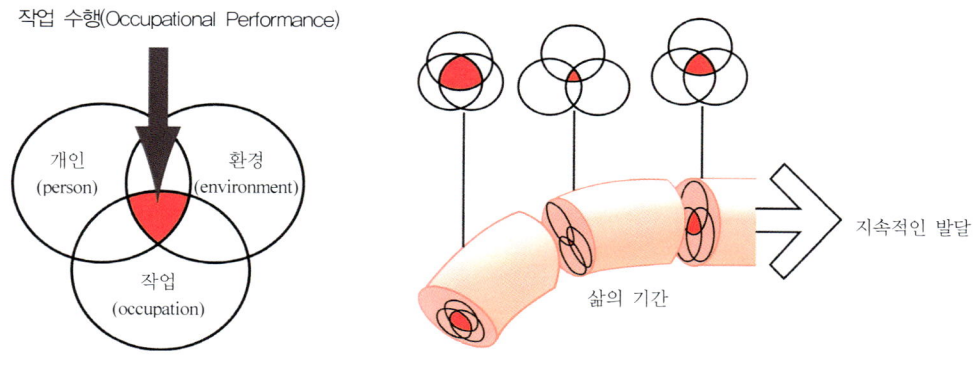

작업 수행(Occupational Performance)

개인
(person)

환경
(environment)

작업
(occupation)

지속적인 발달

삶의 기간

· Crepeaun 등(2003)의 자료

3.1.4. 독립적인 사회참여를 위한 작업수행분석

1980년 WHO의 장애에 대한 개념을 보면 질병(Disease)이란 '심신의 전체 또는 일부가 일차적 또는 계속적으로 장애를 일으켜서 정상적인 기능을 할 수 없는 상태'를 말한다. 또한 장해(Impairment)에 대한 개념은 '유전, 사고, 질병 등에 의해 생리적 또는 해부학적 구조와 기능의 손실 또는 이상이 있는 경우'를 의미한다. 능력 장애(Disability)란 '정상적인 일상생활을 수행하는 데 능력의 제한이나 결여를 가진 상태'를 의미한다. 장애(Disorder)란 '신체장애와 정신장애를 비롯해 여러 이유로 일상적인 활동에 제약을 받는 능력 장애를 가진 상태'를 이른다. 사회적 불리(Handicap)란 '사회적 역할을 수행하는 데 능력의 제한이나 결여를 가진 상태'를 의미한다. 장애에 대한 이해를 돕기 위해 예를 들어 보면, 만일 교통사고로 오른쪽 다리를 절단한 남성의 경우 다리 절단으로 다리의 기능이 상실되었고 한 다리로 정상적으로 걸을 수 없으니 걷거나 뛰는 능력을 상실한 보행 장애가 있게 되었다. 이뿐만 아니라 오른쪽 다리로 운전을 못하게 되어 직업을 잃어 사회적 불리를 얻게 되는 과정 전체가 장애의 과정이라 이해할 수 있다.

Disease/Disorder	→	Impairment	→	Disability	→	Handicap
질병		손상		능력		사회적 불리

1997년 WHO의 장해(Impairment)와 장애(Disorder)의 개념을 보면, 장해(Impairment), 곧 손상은 '신체구조나 신체기능 혹은 심리적, 정신적 기능의 손실이나 비정상(Abnormality)'

을 말했다. 활동제한(Activity Limitation)이란 '일상생활과 관계된 개인활동의 지속성이나 질의 제한'을 의미한다. 참여제약(Participation Restrict)이란 참여는 손상, 활동, 건강조건, 상황요인과 관련된 생활상황에서의 개인의 연관성 정도를 의미한다고 하여 장애를 활동 제한과 참여제약이라는 말로 표현방법을 달리하고 있다. 결과적으로 독립적인 활동, 곧 독립적인 일상생활수행을 하느냐 못하느냐에 따라 장애의 정도를 결정지을 수 있게 되었다. 독립적 수행을 100% 하느냐 10% 하느냐에 따라 장애의 정도가 구분되어 급수가 정해 지게 된다. 인간의 활동을 독립적으로 하도록 지도하는 것이 장애치료의 근본이라 하겠다. 원예작업을 통한 독립적인 삶을 지원하는 목표를 세웠다면 이 역시 재활치료의 한 맥락이라 할 수 있다. 장애인이 원예작업치료를 통해 독립적으로 수행하여 직업 전 교육의 단계까지 이르렀다면 장애를 넘어서 사회적 참여를 가능하게 할 수 있다. 장애인 혼자만의 단독 작업이 힘든 경우, 원예작업을 공동작업으로 기획하여 지역공동체 사업으로 실행하여 독립적인 생산을 이뤄내기 위한 시도가 이뤄지고 있다. 신체적인 장애만이 아니라 심리적인 장애로 인해 원예작업을 독립적으로 수행하지 못한다면 원예작업에 있어서 장애가 있다고 할 수 있다.

Disease/Disorder 질병				
Impairment 손상 기능/구조	←→	Activities 활동 활동제한	←→	Participation 참여 참여제약
Contextual Factors 상황적 요인 환경적/개인적				

자연환경과 거리가 먼 도시환경 속에서 생활해 오고 있기에 도시인들은 자연에 대한 공부가 부족하다. 반면 나이가 들수록 자연에 대한 향수가 깊어 가고 있는 노년층이나 직장 생활을 하며 여가시간을 활용하지 못하는 퇴직자, 혹은 퇴직준비 연령의 세대들은 어떤 의미에서 장애인이라 할 수 있는데, 다시 말해 원예작업치료의 대상자라고 할 수 있는 것이다. 우리나라만 하더라도 원예가 생산적 원예로만 발전되어 원예를 즐기고 이용하는 사회

원예에 대한 지식과 전반적인 구조가 받쳐 주지 못하고 있다. 그러나 나이가 들수록 귀농이나 은퇴농장 등을 희망하며 준비하는 많은 사람들이 원예에 대해 알고 싶어 하고 즐기고 싶어 하는 등 그 욕구는 높아지고만 있다. 또한 전 세계적으로도 자연을 개발하는 차원에서 벗어나서 자연이 주는 평안함을 치료 용도로 활용하여 원예치료로 적용하는 병원이나 정원을 치료정원으로 설계하여 활용하는 곳이 늘고 있다.

3.1.5. 원예작업을 위한 활동분석

원예작업에서 활동은 과제들을 포함하는 행동의 작은 단위이다. 활동은 기능적 환경 안에서 능력과 기술을 함께 일컫는다. 예를 들어 정원사의 과제 중 하나는 해충 방제 활동이다. 이 과제를 구성하는 활동들로는 끈끈이 달기, 과립형태의 방충제 뿌리기, 액체를 혼합하고 뿌리기, 식물에서 벌레 잡아내기 등이 있다. 더욱이 이 활동들의 각각은 포장을 열기, 과립형태의 방충제를 퍼서 분무기에 넣기 등의 행동으로 더 작은 단위로 구성된다. 나무에서 벌레 골라내기와 같은 활동들은 완전한 집중력을 필요로 한다. 소위 습관이라 불리는 것은 그렇지 않다. 습관은 보통의 환경과 유사한 배경에서 시행하기 위한 집중을 필요로 하지 않는, 잘 학습된 틀의 작은 조각의 연결들이다. 작업치료는 사람이 적응적인 습관을 획득하도록 도와서 더 이상 적응적인 것이 아닌 습관으로 유지하며 새로운 습관을 발달시켜서 사람의 능력과 잠재력을 변화시키는 것이다. 활동과 습관은 목적으로서의 원예작업을 사용함으로써 재학습을 시켜 정상화 또는 장애 없애기를 실행하여 삶의 질을 높여 준다. 크게 활동요약과 활동단계 나누기로 구분하여 연습한다.

3.2. 작업분석과 원예치료에의 적용

3.2.1. 원예작업분석

1) 원예작업영역
작업치료의 포괄적인 윤곽을 제공하고 작업치료의 평가와 치료를 하고자 1979년 이후 작업치료 영역과 전개과정에 대한 표준을 발표하고 있다.

원예작업치료에 있어서 작업분석을 실행하기 위해 작업치료 영역과 전개에 이에 대한 이해가 필요하다. 작업에 대한 정의와 작업영역, 환자요소, 수행요소, 수행 방식, 수행 환경, 활동요소 등으로 분류 되어진다. 수행영역은 전반적 인간활동의 6가지 범위이며, 수행요소는 수행영역을 성공적으로 수행하기 위한 인간의 기본능력들이며, 수행배경은 인간의 조건에 영향을 주는 상황이나 배경요소이다. 환자요소는 개인마다 가치, 믿음, 신체구조와 기능 등의 차이로 다르게 나타나는 요소들이다. 활동 요구요소는 구체적인 움직임들로 구성되어 있다.

작업의 영역	환자요소	수행기술	수행패턴	배경과 환경	활동요건
일상생활 활동	가치, 신념 그리고 정신	감각지각 기술	습관	문화적	물체사용과 자산
수단적 일상생활 활동	신체 기능	운동과 실행 기술	일상	개인적	공간적 요건
휴식과 잠	신체 구조	감정조절기술	역할	신체적	사회적 요건
교육		인지기술	의식	사회적	순서화와 타이밍
일		의사소통과 사회 기술		종교적	요구되는 활동
여가				가상적	요구되는 신체 기능
사회참여					요구되는 신체 구조

*기본적 일상생활활동(BADL) 또는 개인적 일상생활 활동(PADL) 또한 언급되어진다.
작업치료 영역의 해석. 건강. 참여. 개입을 지지하기 위한 모든 영역. 이 그림은 수직적 계층이 아니다.

2) 수행영역의 범위

인간의 수행영역은 일상생활에서 전형적으로 나타나는 인간 활동의 광범위한 영역을 말한다. 인간의 수행영역의 범위는 인간이 평생 동안 참여하는 다양한 종류의 활동들로서 생존을 위한 기본적인 활동인 일상생활과 사회활동을 위한 도구적 일상생활 활동, 곧 ADL · IADL과 휴식과 수면, 교육 및 놀이, 여가, 사회참여 활동들이 해당한다. 이 같은 수행영역의 기능을 향상시켜 인간의 건강을 회복하는 데 목적이 있다. 재활치료인 작업치료의 최종 목적은 이 같은 수행영역을 독립적으로 수행하도록 치료교육하는 것이다. 원예작업은 허브를 이용한 꽃밥, 허브 카나페, 새싹채소를 길러서 요리, 정원을 가볍게 산책하는 활동이 일상생활과 수단적 일상생활의 예가 된다. 휴식으로 활용되는 예로 꽃장식이나 분재를 하면서 휴식을 취할 수 있으며 교육하여 새로운 것을 배우고 응용하는 작업이 될 수 있다. 또는 분재나 꽃장식이 일, 곧 직업인 경우는 수행영역으로는 일이 된다. 숲해설가, 텃밭 지도사, 원예치료 활동으로 봉사활동을 하는 경우 사회참여영역에 해당된다. 다양한 원예작업을 어떠한 영역으로 활용할 것인지 선택하여 접근하는 것이 필요하다.

1. 작업수행 영역
(OCCUPATION AREAS)

일상생활활동/수단적 일상생활   휴식/교육   일/놀이여가/사회참여활동

허브 카나께
새싹 비빔밥
정원산책   꽃 장식
분재 관리
실내식물 관리   꽃 장식
주말농장
분재

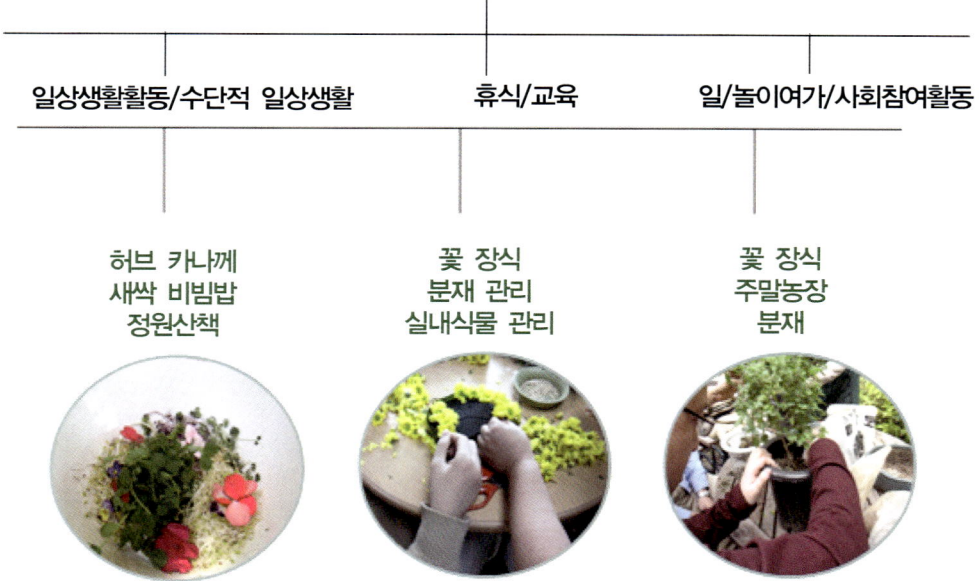

(1) 일상생활활동(Activities of Daily Living)

자신의 몸을 돌보는 활동들을 말하는데(Rogers & Holm, 1994, pp.181-202), 일상생활활동은 기본적 일상생활활동(BADL)과 개인적 일상생활활동(PADL)으로 구분된다. 이런 활동들은 "사회 안에서 살아가는 데 기본이 되며, 기본 생존과 안녕을 가능하게 한다(Christiansen & Hammecker, 2001, p.156)."

① **목욕, 샤워(Bathing, Showering)**: 목욕 도구를 선택하여 사용하기; 신체 부분들을 비누칠하고 헹구고 말리기; 목욕 자세를 유지하기; 목욕 자세를 바꾸기

② **대변과 소변 관리(Bowel and Bladder Management)**: "대변의 장 움직임과 방광의 움직임을 수의적 조절하고 필요시 대소변 조절을 위한 도구나 장치를 사용하는 것을 포함(Uniform Data System for Medical Rehabilitation, 1996, p.III-20, III-24)"

③ **옷입기(Dressing)**: 그날의 시간, 날씨, 계절에 맞는 옷과 액세서리를 선택하는 것; 옷장에서 옷을 꺼내기, 순서대로 옷을 입고 벗기; 옷이나 신발 끈을 조절하거나 매는 것; 그리고 개인도구, 의치 또는 보조기를 착용하거나 벗기

④ 먹기(Eating): "입 안에서 음식이나 액체를 유지하고 조작하며 그것을 삼키는 능력, 종종 먹기는 삼킴과 혼용해서 사용되기도 한다(AOTA, 2007b)."

⑤ 식사하기(Feeding): "음식 또는 액체 음식을 접시나 컵에서 떠서 모으고 입으로 가져가는 과정, 때로 Self-feeding이라 한다(AOTA, 2007b)."

⑥ 기능적 이동(Functional Mobility): 일상생활을 수행하는 동안 어느 한 자세 또는 한 장소에서 다른 자세나 장소로 이동하는 것, 예를 들어 침대에서의 이동, 의자차 이동, 신체이동(예: 의자차, 침대, 자동차, 화장실, 욕조/샤워, 의자, 바닥) 등으로 기능적 보행과 물건을 옮기기도 포함된다.

⑦ 개인적 도구 관리(Personal Device Care): 개인적 도구를 사용하고, 세척하고, 관리하는 것. 예로 보청기, 콘택트렌즈, 안경, 보조기, 의치, 보조도구, 피임이나 성생활 도구 등

⑧ 개인위생 및 단장(Personal Hygiene and Grooming): 도구를 선택해서 사용하기; 체모제거(예: 면도기, 핀셋, 로션 사용); 화장하고 지우기, 머리를 감고, 말리고, 빗고, 스타일을 만들고, 손질하고 정돈하기; 손톱 관리(손과 발); 피부, 눈, 귀, 코 관리; 향수 뿌리기; 구강 세척; 양치질; 틀니, 의치를 탈착, 세척 그리고 다시 착용하기

⑨ 성생활(Sexual Activity): 성적 만족을 얻을 수 있는 활동에 참여하기

⑩ 화장실 위생(Toilet Hygiene): 도구를 선택해서 사용하기; 옷 추스르기, 화장실에서 자세 유지하기, 화장실에서 자세 변경하기, 뒤처리하기, 월경 및 실금관리(카데터, 인공항문, 좌약관리를 포함)

(2) 도구적 일상생활활동(Instrumental Activities of Daily Living)
일상생활 활동에서 자기 관리보다는 좀 더 복잡한 상호작용을 요구하는 가정과 지역사회 안에서의 일상생활을 지지하는 활동들을 말한다.

① 타인 돌보기(Care of Others, 도우미를 선택하고 관리하기 포함): 타인에 대한 보호를 계획하고 관리하고 제공하기

② 애완동물 돌보기(Care of Pets): 애완동물이나 그 외의 동물에 대한 보호를 계획하고 관리하고 제공하기

③ 자녀 양육하기(Child Rearing): 아이의 발달에 필요한 것을 지지하기 위한 보호와

관리를 제공하는 것

④ **의사소통 관리(Communication Management)**: 필기도구, 전화기, 타자기, 시청각 레코더, 컴퓨터, 의사소통판, 호출기, 응급시스템, 점자 기록기, 난청인을 위한 원거리 통신, 음성 확인기, 그리고 개인 전자 보조도구 등 다양한 시스템이나 도구를 사용하여 정보를 보내고 받고, 해석하기

⑤ **지역사회 이동(Community Mobility)**: 지역사회 이동을 위한 운전, 도보, 자전거 또는 버스나 택시 이용하기; 또는 다른 교통수단 같은 공공 혹은 사적인 교통수단을 이용하기

⑥ **재정 관리(Financial Management)**: 금융거래의 거래 수단을 포함하여 재정적 자원을 이용하기; 단기간 또는 장기간 목표를 가지고 재정계획을 세우고 운영하기

⑦ **건강관리와 유지(Health Management and Maintenance)**: 신체적 운동, 영양, 건강 위험행동 줄이기; 약물 복용 등의 건강과 안녕 증진에 대한 일련의 과정을 개발하고, 관리하고, 유지하기

⑧ **가정 관리(Home Establishment and Management)**: 개인이나 가족의 소유재산과 환경을 유지하기(예: 집, 뜰, 정원, 설비, 장치); 개인소유물 관리와 수선(옷과 가정용품); 누구에게 어떻게 도움을 요청할지 방법을 아는 것

⑨ **식사 준비 및 치우기(Meal Preparation and Cleanup)**: 균형적이고 영양적인 식사를 계획하고, 준비하고 차리기와 식사 후에 음식이나 도구를 정리하기

⑩ **종교의식(Religious Observance)**: 종교를 가지고 참여하기, "신성하고 초인적인 존재에게 가까이 가기 위한 믿음과 의식과 실행, 상징들의 조직화된 체계(Moreira-Almeida & Koenig, 2006, p.844)"

⑪ **안전과 응급상황 대처(Safety and Emergency Maintenance)**: 안전한 환경을 유지하기 위해 예방적 절차를 알고 이행하는 것뿐만 아니라 갑작스럽고 예기치 않은 위험한 상황을 인식하기와 건강과 안전에 대한 위협을 줄이기 위해서 응급조치하기

⑫ **쇼핑(Shopping)**: 구입할 목록을 정하기(식료품과 그 외); 선택하고, 구입하고, 가져오기; 지불 수단을 선택하기; 그리고 돈거래를 끝내기

(3) 휴식과 수면(Rest and Sleep)

다른 작업영역에 건강하고 능동적으로 참여하기 위한 휴식과 수면과 관련된 활동들이다.

① **휴식(Rest):** "이완된 상태를 초래하고 신체적, 정신적 활동을 멈춘 조용하고 노력하지 않는 행위(Nurit & Michel, 2003, p.227)", 이완의 필요성을 형상화하는 것을 포함; 신체적, 정신적, 사회적 활동의 부담을 줄이는 것; 이완 활동들 또는 에너지를 회복하고 안정을 되찾고 참여에 대한 흥미를 새롭게 하는 다른 노력들

② **수면(Sleep):** 수면하기 위한 일련의 활동들, 수면을 유지하기 그리고 수면을 통해서 물리적, 사회적 환경에서 사회적 참여와 건강과 안전을 증진하는 것

③ **수면준비(Sleep Preparation)**

- 편안한 수면을 위해서 자신을 준비시키는 일상에 참여하는 것, 예를 들어 옷을 벗고 간단한 세수나 위생처리, 잠들기 위해 책을 읽거나 음악듣기, 다른 이에게 잘 자라고 인사하기, 명상이나 기도하기; 수면 시간과 낮의 시간, 또는 일어나는 시간을 결정하는 것; 성장과 건강에 영향을 미치는 수면 패턴을 형성하는 것(패턴은 주로 개인적이나 문화적으로 결정된 것)

- 수면을 위해 침대와 같은 공간을 준비하는 것과 같이 무의식적으로 물리적 환경을 준비하는 것; 적정온도를 유지하기와 예방; 알람시계 맞추기; 문단속하기 또는 창문 닫고 커튼치기 등의 집의 보완 점검; 그리고 전자제품이나 전등을 끄는 것

④ **수면 참여(Sleep Participation):** 낮잠과 잠자는 것, 잠자는 활동의 중단, 방해 없이 꿈을 꾸는 등의 수면 상태를 유지하는 것 그리고 밤중에 화장실 가고 물 마시기와 같은 잠을 위한 개인적 활동을 관리하는 것; 다른 이들의 필요와 요구에 절충하는 것; 아이들이나 파트너와 수면 공간을 적절히 차지하고 상호작용하는 것, 밤중 수유 관리를 제공하는 것; 그리고 잠자는 동안 가족 같은 다른 이들의 편안함과 안전을 살피는 것

(4) 교육(Education)

환경 안에서 참여와 학습을 위해 필요한 활동들을 말한다.

① **공교육에 참여(Formal Educational Participation):** 학문적인 범주(예: 수학, 책읽기, 학위 취득); 비학문적 범주(예: 휴게실, 구내식당, 복도); 과외활동(예: 스포츠, 밴

드활동, 응원, 춤); 그리고 직업적(직업 전과 직업의) 참여

② **개인적인 사교육 필요 혹은 흥미 탐색**(Informal Personal Education Need or Interest Exploration(방과 후): 주제와 관련된 정보와 기술을 얻기 위해 주제와 방법을 구체화하기

③ **개인적 사교육 참여**(Informal Personal Education Participation): 흥미 영역에서 교육과 훈련을 제공하는 수업, 프로그램, 활동에 참여하기

(5) 일(Work)

"보수를 받는 활동 혹은 자원봉사에 참여하는 활동들(Mosey, 1996, p.341)"이다.

① **직업에 대한 흥미와 추구**(Employment Interests and Pursuits): "일과 관련된 장점, 제한점, 선호와 비선호를 기반으로 기회를 확인하고 선택하는 것(adapted from Mosey, 1996, p.342)"

② **직업 찾기와 구직활동**(Employment Seeking and Acquisition): 직업기회를 확인하고 지원하기; 이력서 작성, 지원하고 검토하기; 면접 준비; 면접 보기와 직업적 유익을 논하고 임금협상

③ **직업 수행**(Job Performance): 직업 수행은 직업기술과 패턴; 시간 관리; 함께 일하는 동료, 운영자, 소비자와의 관계; 생산품과 서비스의 개발, 만들기; 일의 시작, 유지, 완료 그리고 직업의 규범과 절차를 준수하기

④ **은퇴준비와 적응**(Retirement Preparation and Adjustment): 적성을 결정하고, 흥미와 기술을 계발하여, 적절한 취미 활동을 선택하기

⑤ **자원봉사 탐색**(Volunteer Exploration): 개인의 기술, 흥미, 위치와 시간에 적절한 무보수의 '일'에 대해 지역사회의 복지와 조직 또는 기회를 결정

⑥ **자원봉사 참여**(Volunteer Participation): 해당 복지, 조직, 기관에 도움을 주기 위한 무보수의 일 및 활동을 수행

(6) 놀이(Play)

"즐거움, 오락, 재미, 기분전환을 제공하는 자발적이고 조직화된 활동(Parham & Fazio, 1997, p.252)"을 말한다.

① **놀이 탐색(Play Exploration)**: 적절한 놀이 활동을 형상화하는 것, 탐색놀이, 실행놀이, 모방놀이, 규칙이 있는 게임, 구성 놀이, 상징 놀이 등을 포함(adapted from Bergen, 1988, pp.64-65)

② **놀이 참여(Play Participation)**: 놀이에 참여하기; 다른 작업의 활동과 놀이의 균형을 유지하기; 장난감, 도구, 물건을 적절하게 획득하고 사용하고 유지하기

(7) 여가(Leisure)

"일, 자기 관리, 수면과 같이 필수적인 작업에 얽매이지 않는 임의의 시간에 내적 동기를 가지고 참여하는 비의무적인 활동(Parham & Fazio, 1997, p.250)"이다.

① **여가 탐색(Leisure Exploration)**: 흥미, 기술, 기회 그리고 적절한 여가활동을 형상화하는 것

② **여가 참여(Leisure Participation)**: 적절한 여가활동에 계획하고 참여하기; 다른 작업영역과 여가의 균형을 유지; 그리고 도구나 물건을 적절하게 획득하고 사용하고 유지하기

(8) 사회적 참여(Social Participation)

"한 개인에게 특징적이고 기대되는 구조화된 행동 패턴 또는 사회적 시스템 안에서의 주어진 위치(Mosey, 1996, p.340)"를 말한다.

① **지역사회(Community)**: 지역사회 수준에서 성공적인 상호작용을 초래하는 활동에 참여하기(예: 이웃, 기관들, 직장, 학교)

② **가족(Family)**: "요구되고 필요한 특정 가족 역할에서 성공적인 상호작용을 초래하는 활동에 참여하기(Mosey, 1996, p.340)"

③ **동료, 친구(Peer, Friend)**: 친밀함의 다른 수준에서 활동에 참여하기

3) 수행영역 분석

(1) 대상자에 따른 수행영역 분석의 목표

다음은 만성 정신장애 환자를 위한 활동 분석의 예이다.

제목	해바라기 한 송이 꽃장식	
목표(작업 영역)	놀이 및 여가, 일과 생산적인 활동, 역할수행을 통한 사회적 참여	
준비물	해바라기, 리본테이프, 플로랄테이프, 부직포, 가위, 칼라와이어, 스카치테이프	
환자요소와 환경	만성정신장애환자, 원예활동 선호도, 실내작업치료실(치료용 책상)	
	수행기술 단계	**수행요소**
활동 요건	(양손 협응/조각기술/오감활용/의자에 1시간 앉아서 균형유지) 1. 해바라기에 대한 교육과 만지고 냄새 맡게 하고 느낌을 표현하기	감각인식(촉각, 후각, 시각, 청각), 소동작 협응
	2. 잎을 따고, 잎 정리를 한다.	소동작 협응, 시각운동통합
	3. 와이어를 삼각형으로 만든 후 플로랄테이프로 감는다.	소동작 협응, 시각운동통합
	4. 삼각형와이어를 꽃에 댄 다음 플로랄테이프로 감는다.	소동작 협응
	5. 부직포를 모양을 내서 자른 다음 꽃에 붙여 모양을 낸 후 리 본테이프로 꽃을 감는다.	소동작 협응, 활동개시, 활동종료
	6. 칼라와이어로 리본을 만들어 꽃에다가 붙여서 모양을 낸다.	시각－운동통합
	7. 완성된 장식에 대한 소감과 작업하면서 느낀 점을 표현하도 록 유도한다.	가치, 역할 수행, 대인관계기술, 집중, 기억
중재기술	1. 수행이 성공적이 되도록 칭찬과 의미를 부여하여 만족감을 갖도록 유도한다. 2. 자신의 작은 수행이 성공했다는 경험은 성취감과 자신감을 갖게 된다. 3. 각자의 작품을 하드보드 위에 연결하여 전시를 하여 역할수행을 경험하게 한다.	

(2) 수행영역 분석 실행 과정

원예 작업 수행 분석을 하기 위해서는 작업수행영역, 수행기술, 수행 형태, 환경, 활동
요건, 환자요소 등에 대하여 각각의 요소를 선별하여 원예작업 수행분석을 할 필요가 있다.

(3) 수행목표 세우기 실행 과정

원예작업치료의 목표를 설정하기 위해 수행영역을 살펴보아야 한다. 원예작업에 있어
서 대상자의 수행영역에 어느 부분에 수행이 가능한지, 대상자가 원하는 영역은 어떤 부
분인지를 평가하고 대상자가 요구하는 영역에 목표를 맞추어 진행해야 성공적인 프로그
램을 이끌 수 있다. 영역과정을 평가하기 위해 대상자의 흥미, 중요시 여기는 부분, 독립
적으로 수행하는 부분이 있는지를 살펴보아야 한다. 첫 번째로 일상생활부분의 독립적인
관리, 두 번째로 일과 직업에 있어서 대상자의 능력 정도, 셋째 여가 활동에 대한 정도와

흥미 정도를 살펴보고 대상자가 원하고 중요하다고 여기는 부분을 고려해야 한다. 환자의 개인별 요소 또한 중요하다. 국화 분재의 경우, 신체기능 강화의 목적으로 활용하고 있는 노인이라면 직업적인 접근보다는 여가활동으로의 적용이 가능하다. 어떤 노인의 경우, 국화분재에 가치를 다르게 가질 수 있으며 그에 대한 믿음이 다를 수 있다. 의식적 행위로 할 수도 있으며 습관적으로 하고 있을 수도 있다. 이 모든 환자적 요소를 감안하여 가장 적합한 목표를 만들어야 한다.

2. 환자 요소
(CLIENT FACTOR)

3.2.2. 원예작업 수행요소 분석과 적용

원예작업치료 수행에 필요한 인간의 활동능력을 고려하여 적용할 수 있다.

1) 수행요소 분석의 필요성

수행요소 분석은 건강증진을 위해 필수적이며 독립적인 수행을 위한 기술이라고 할 수 있다. 다시 말해 수행요소 분석은 작업을 수행하는 데 요구되는 기본적인 능력이라 할 수 있다. 그래서 인간이 적절한 활동을 하지 않는 경우, 여러 장애가 복합적으로 늘어가게 된다. 인간의 활동들은 앞서 설명한 일상생활, 일, 여가 등과 같은 수행영역에 성공적으로 참여하기 위한 기본적 능력으로 다양한 요소들로 이루어진다.

수행요소 분석은 구체적으로 운동과 감각 수행요소, 인지수행요소, 심리와 사회적 수행요소 세 부분으로 나누어 볼 수 있다. 수행요소 분석을 통해 원예작업을 수행하는 데 필요한 인간의 활동 능력은 무엇일까를 생각해 볼 필요가 있다. 각각의 원예작업마다 필수적으로 필요한 능력들이 있는데, 개개인마다 이러한 능력의 차가 있을 수 있으며 능력에 따라 독립적 활동 범위도 다르게 나타난다. 치료적인 효과를 얻기 위해 하고자 하는 원예작업 프로그램의 수행요소가 무엇인지를 분석하여 적용하는 것이 필요하다.

3. 수행기술
(Performance Skill)

감각인지 기술	운동과 실행 기술/정서/교육적 기술/인지 기술	대인관계/사회기술

4. 수행형태
(PERFORMANCE PATTERN

습관수행	일상수행	역할/의식수행

2) 감각(Sensory) 기능

		감각수행요소 (Sensory Performance Components)		감각수행요소 분석 (개운죽 물재배 작업의 예)
감각인식 (Sensory Awareness)		감각자극을 수용하고 구별하기		개운죽, 물, 돌의 감각을 인식한다.
감각처리 (Sensory Processing): 감각 자극을 해석하기	촉각 (Tactile)		피부감각 수용기를 통해 들어온 가벼운 접촉, 압력, 온도, 통증, 진동 등을 해석하기	'딱딱하고, 부드럽고, 차갑다'를 느낀다.
	고유수용성감각 (Proprioception)		다른 부위와 관련하여 신체의 한 부위의 위치를 알려 주는 근육, 관절 및 다른 내부 조직에서 오는 자극들을 해석하기	한 손으로 용기를 잡고 다른 손으로 개운죽을 잡을 때 손의 위치를 안다.
	전정감각 (Vestibular)		내이의 감각 수용기를 통해 머리의 위치와 움직임의 정보를 해석하기	
	시각 (Visual)		주변 시야, 시력, 색깔과 형태를 포함한 눈을 통해 들어오는 자극들을 해석하기	개운죽의 대와 잎의 색을 구별한다.
	청각 (Auditory)		소리를 해석하고 위치를 알며 다른 배경소리와 구별하기	물소리, 토양 부딪치는 소리, 하이드로볼에서 나는 기포소리 등을 구별한다.
	미각 (Gustatory)		맛을 해석하기	
	후각 (Olfactory)		냄새를 해석하기	
지각처리 (Perceptual Processing): 의미 있는 형태로 들어온 감각을 조직화하기	입체인지지각 (Stereognosis)		고유수용성 감각, 인지, 촉각을 이용하여 물체를 확인하기	하이드로 볼이나 색 돌과 같은 토양을 만지고 어떤 모양인지를 알아낸다.
	운동성 (Kinesthesia)		관절움직임의 거리와 방향을 알아내기	용기에 하이드로 볼을 빨리 넣으면서 팔에 운동감이 느껴진다.
	통증반응 (Pain Response)		아프거나 눌리는 감각을 알아내기	
	신체도식 (Body Scheme)		신체내부의 인식과 신체부위 간의 관계성을 인식하기	양손의 공동 작업으로 마비된 손의 위치를 주의 깊게 인지한다.
	오른쪽-왼쪽 구별 (Right-left Discrimination)		신체의 한쪽과 다른 반대쪽을 구별하기	개운죽 작업을 오른쪽 왼쪽으로 넓게 활동하면 양방향에 대한 교육이 된다.
	형체항상성 (Form Constancy)		환경, 위치, 크기가 달라도 물체와 형태가 같은 것임을 인식하기	하이드로 볼, 색 돌을 구별하면서 일정한 형태를 기억한다.
	공간에서 위치 (Position in Space)		자신이나 다른 사물에 대한 모양과 형태에 대해 공간적 관계를 인식하기	개운죽을 들고 내려놓는 과정 속에서 공간감을 익힌다.
	시각완성 (Visual-closure)		사물의 불완전한 형태를 보고 그것의 완전한 형태를 인식하기	그림을 보여 주면서 따라 하게 하면 시각 완성이 길러진다.
	전경배경 (Figure Ground)		형태 및 사물의 전경과 배경을 구별하기	식물이나 개운죽 수경재배를 완성한 것을 식탁 위나 테이블로 옮겨가면서 집중하게 되어 개운죽의 모양을 가려낸다.
	깊이지각 (Depth Perception)		사물, 모양, 표식자와 관찰자 간의 거리를 구별하고, 지면으로부터 변화를 구별하기	토양을 1/3에서 2/3까지 채워가면서 깊이를 인지한다.
	공간관계 (Spatial Relations)		사물들 간의 위치를 인식하기	개운죽과 용기, 스티커, 연필 등 사물들 간의 위치를 인식하게 된다.

3) 운동 및 실행기능

운동수행요소 (Motor Performance Components)		운동수행요소 분석 (개운죽 물재배 작업의 예)
관절가동범위 (Range of Motion)	신체 부위를 한 호를 따라 움직이는 것	개운죽을 10cm에서 30cm으로 준비하며 어깨의 굴곡과 신전이 늘어난다. 토양을 용기에 넣으면서 손목과 손가락의 범위가 늘어난다.
근력 (Strength)	사물이나 중력에 대항하여 움직임이 일어날 때 근육 힘의 정도	손가락의 빈번한 움직임으로 쥐는 힘이 늘어난다.
대근육 협응 (Gross Coordination)	통제할 수 있는 목적 지향적인 움직임을 위해 큰 근육군을 사용하기	통 재료를 받고 순서대로 수행하면서 어깨가 움직인다.
지구력 (Endurance)	심장, 폐 및 근·골격계가 일정시간 이상 지속하는 능력	30분 이상 작업수행을 하게 되어 지구력이 증진된다.
중심선 교차 (Crossing the Midline)	신체의 정중선을 지나서 팔, 다리, 눈을 움직이기	식물을 주고받거나 완성작품을 자랑하면서 몸의 반대 방향으로 교차가 이뤄진다.
소근육 협응/기민성 (Fine Coordination/Dexterity)	특히 사물을 조작할 때 움직임을 통제하기 위해 소근육군을 사용하기	손가락·손 근육이 하이드로 볼이나 색 돌을 넣을 때 많이 사용된다.
양손 협응 (Bilateral Integration)	활동하는 동안 신체의 양측을 조화롭게 사용하기	오른손 왼손으로 개운죽과 토양을 옮기거나 동시에 이동하면서 대근육과 소근육이 협응하여 조절된다.
운동조절 (Motor Control)	기능적이고 다양한 움직임	개운죽을 물로 심는 과정 단계마다 다양한 운동기능이 사용된다.
자세조절 (Postural Control)	기능적인 움직임이 일어나는 동안 균형을 유지한다.	양손으로 개운죽을 심는 작업 동안에 몸통과 다리가 안정감 있게 중심을 잡고 있다.
시각-운동 통합 (Visual-motor Integration)	활동하는 동안 신체의 움직임과 눈으로 들어오는 정보를 서로 조화롭게 통합하기	개운죽을 심는 활동하는 동안 손의 움직임과 눈으로 들어오는 정보를 서로 조화롭게 통합하여 움직이게 된다.
구강운동조절 (Oral-motor Control)	입과 혀와 목근육의 협응과 운동이 있다.	식물과 토양 이름을 말하고 다른 사람을 칭찬하면서 구강 운동이 이뤄진다.

4) 인지수행 요소

인지수행요소는 인지기능 향상을 위한 활동, 일상생활에서 필요한 기억력, 판단력, 문제해결 능력을 증진하며 현실에 적응할 수 있는 인지력을 향상시킬 수 있는 기능과 고차원적 뇌 기능 사용을 위한 능력들이다.

인지수행요소 (Cognitive Components)		인지수행요소 분석 (개운죽 물재배 작업의 예)
지남력 (Orientation)	사람, 장소, 시간, 상황을 확인하기	사람, 장소, 시간, 상황을 확인하는 과정으로 이름표에 연, 월, 일 을 기록한다. 다음 치료시간을 기억하게 한다. 개운죽을 볼 수 있는 계절을 인지한다.
재인식 (Recognition)	유사한 얼굴, 사물, 과거에 보았던 것들을 알아보기	유사한 얼굴, 사물, 과거에 보았던 것들을 알아보게 하기 위해 개 운죽의 이름을 반복해서 기억하게 하고 활동하는 과정 중 하이드 로 볼이나 색 돌을 3차례로 나누어서 넣는 단계로 진행한다.
주의집중 기간 (Attention Span)	과제에 집중하는 시간	개운죽을 중심을 잡아서 심는 과제에 집중하는 시간이 필요하므 로 활동하는 중에 집중이 반복 훈련된다. 흥미를 느끼고 집중하는 시간이 길어진다.
활동의 초기화 (Initiation of Activity)	신체적, 정신적 활동을 시작 하기	개운죽을 순서에 따라 심는 과정을 통해 신체적 정신적 활동을 시작하는 반복 훈련이 이뤄진다.
활동의 종결 (Termination of Activity)	적절한 시간에 활동을 종료 하기	개운죽 물재배를 마무리하는 활동으로 적절한 시간에 활동을 종 료하는 인식을 하게 된다.
기억력 (Memory)	단시간이나 장시간 후에 정보를 다시 회상하기	단시간이나 장시간 후에 정보를 다시 회상하게 하기 위해 40분 이내에 반복하여 식물의 이름을 기억하게 하고 이전에 개운죽에 관한 기억을 물어보며 개운죽을 선물하면서 어떤 덕담을 할 것인 지를 기억하게 한다.
순서화 (Sequencing)	정보, 개념, 행동을 순서적 으로 실행하기	개운죽을 순서에 따라 심어가는 과정을 통해 물재배 정보, 식물의 생리 개념, 순서에 맞는 행동을 순서적으로 실행하도록 유도할 수 있다.
개념 형성 (Concept Formation)	정보, 개념, 행동을 순서적 으로 실행하기	개운죽 물재배의 관리 정보, 개념, 심는 순서에 맞는 행동을 순서적 으로 교육하고 실행하게 하여 식물재배에 대한 개념을 심어준다.
문제해결 (Problem Solving)	문제 인식, 문제 정의, 대 안적 방법 고안, 계획 설 립, 계획의 단계적 조직, 계획 실행 그리고 결과 평 가하는 능력	개운죽을 심으면서 단계별로 해결해야 하는 문제를 인식하고 질 문하여 해결하거나 구체적인 계획을 세우면서 물재배의 원리를 알아간다.
학습 (Learning)	새로운 개념과 행동을 배 우기	새로운 원예기술을 배우고 실내에서 식물을 기르고 감상하는 방 법을 배우게 된다.
일반화 (Generalization)	다양하고 새로운 상황에 과 거에 학습한 개념과 행동을 적용하기	개운죽 물재배에 과거에 학습한 식물재배경험과 꾸미기 활동으로 실생활에 응용하는 방법을 적용하게 된다.

5) 심리사회적 요소(Psychosocial Skills and Psychological Components)

(1) 심리적 수행요소에 필요한 기능

신체적 장애를 가진 사람들의 삶의 질을 떨어뜨리는 이유는 사회활동에 참여할 기회가 점점 줄어든다는 데 있다. 신체적 장애뿐만 아니라 정신적인 장애를 가진 사람들도 사회 참여가 이뤄져야 궁극적인 재활이 이뤄질 수 있다. 왜냐하면 인간생존을 이어주는 끈은 자신의 가치를 인정받는 데서 시작되기 때문이다. 또한 삶의 흥미가 없다면 우울하게 되고 더 나아가 존재가치를 잃게 되고, 삶의 의욕조차 잃어버릴 수 있으며 우울증을 유발하게도 된다. 자신의 존재를 귀히 여기고 다른 이에게 존재의 가치를 부여받으며 행복한 삶의 영위할 수 있다. 이같이 심리적인 자아개념의 형성을 도와주는 활동이 원예작업으로써 가능하다.

심리적 요소 (Psychological Components)		심리적 요소분석 (장미꽃바구니 작업의 예)
가치 (Values)	자신과 타인에게 중요한 생각이나 신념을 확인하는 기능	장미꽃을 보며 자신과 타인의 생명이 소중하고 아름답다는 것을 느낄 수 있다. 꽃보다 아름다운 사람임을 확인하고 소중하고 다루는 활동을 하게 된다.
흥미 (Interests)	즐겁고 주의집중을 유지하는 신체적, 정신적 활동	꽃을 보는 것만으로 즐겁고 바구니를 만드는 과정에 주의집중을 유지하는 신체적 정신적 활동이 이뤄진다.
자아개념 (Self-concept)	신체적, 정서적, 성적인 자아의 가치를 개발하는 것	신체적으로 활력이 느껴지고, 정서적으로 긍정적인 마음이 들고, 마음에 드는 이성에게 선물하여 성적인 자아의 가치를 계발하는 기회를 제공한다.

원예작업을 통해 삶의 질을 향상시키는 것이 목적이다. 그러기 위해서 이유와 목적을 부여해 주어야 한다.

(2) 사회적 수행요소에 필요한 기능

인간은 사회적 존재란 것을 기억해야 한다. 사회적 존재로서 만족하기 위해 최소한의 충족 요소로 사회에서의 역할수행을 균형 있게 해내는 것이다. 사회적 역할을 배워왔지만 장애를 가진 상태에서는 다시 사회적 역할수행을 배워가야 한다. 원예작업을 통해 새로운 역할을 부여 받는 기회를 얻을 수 있도록 유도해야 한다. 또한 사회적 행동을 긍정적으로 수행하는 경험을 가질 수 있는 기회를 부여 받는다면 이 기능이 더욱 강화되어 사회적 상호작용을 촉진하게 된다. 특히 원예는 재배나 꽃 장식으로 선물을 할 수 있는 기능을 주고, 말이나 글로 표현 못하는 것을 대체물로써 직·간접적인 자기표현의 기회를 제공할 수 있다.

의사소통 및 사회적 요소		의사소통 및 사회적 요소분석 (장미꽃바구니 작업의 예)
역할수행 (Role Performance)	사회에서 배운 기능을 확인하고 균형 있게 유지하기	사회에서 배운 과제수행 기능과 개별책임 기능을 수행하여 균형 있게 유지하는 기술을 배운다.
사회적 행동 (Social Conduct)	예절, 사생활 공간, 눈 맞추기, 제스처, 능동적 청취 그리고 자기표현 등을 이 용하여 자신이 속한 환경과 적절하게 상호작용하기	장미꽃 바구니 만들기 작업을 하면서 예절, 사생활 공간, 눈 맞추기, 제스처, 능동적 청취 그리고 자기표현 등을 이 용하여 자신이 속한 환경과 적절하게 상호작용하기를 한다.
인간관계 기술 (Interpersonal Skills)	다양한 상황에서 상호작용하기 위해 언어적·비언어적 의사소통 수단을 사 용하기	장미 꽃바구니를 만들어 서로 평가하고 칭찬하며 상호작용 하기 위해 언어적·비언어적 의사소통 수단을 사용하는 기 회를 갖는다.
자기표현 (Self-expression)	자신의 생각, 느낌, 욕구를 표현하기 위해 다양한 기술과 양식을 사용하기	자신의 생각, 느낌, 욕구를 표현하기 위해 꽃바구니에 이름 을 쓰고 리본을 달고 스티커를 붙이는 등 다양한 기술과 양 식을 사용한다.
대처기술 (Coping Skills)	스트레스와 관련된 반응을 확인하고 관리하기	꽃바구니를 어떻게 만드는지를 집중해야 따라 할 수 있다 는 것이 스트레스가 되지만 '도와주세요', '어떻게 하나요', '손짓'으로 순서를 확인하고 완성하여 문제를 관리해 간다.
시간관리 (Time Management)	건강과 만족을 높이기 위해 자조-활동, 일, 여가활동을 균형 있게 계획하고 참 여하기	만족을 높이기 위해 꽃바구니를 완성하고 미적으로 색과 공 간을 조절하여 균형 있게 계획하고 실행하는 데 참여한다.
자기조절 (Self-control)	환경적 요구, 제한, 포부, 다른 사람들의 반응에 따라 자신의 행동을 수정하기	꽃바구니를 만들어야 하는 환경적 요구, 치료사의 제한, 잘 만들고 싶은 욕구가 생겨나고 다른 사람들의 반응에 따라 자신의 행동을 수정하기 위한 노력이 활동에 적용된다.

자기를 관리하는 능력을 기르는 것이야말로 삶의 질을 높여갈 수 있는 기초적인 요소라 할 수 있다. 먼저 스트레스가 되는 요소가 있을 때 반응하는 방법을 긍정적으로 대처하는 경험을 지속적으로 하는 것이 중요한다. 독립적인 생활의 기본은 시간 관리에 있다. 몸의 장애가 생기면 침상에서 지내는 시간이 길어지고 일정한 생활의 리듬을 찾기가 힘들어진다. 또한 감정의 기복은 자기조절감을 떨어뜨리게 된다. 일정한 재활 프로그램은 스스로 시간을 지키며 행동의 시작과 끝을 인식하는 과정으로 통해 조절되어진다. 그러므로 원예작업을 통해 긍정적인 자기조절을 연습하도록 유도해야 한다.

3.3. 원예작업 수행배경

3.3.1. 원예작업 수행배경의 개념

인간이 성공적인 작업수행을 하기 위해서 시간적인 배경과 환경적인 배경이 보장되어야 한다. 성공적인 원예작업은 개인별 나이, 경험, 신체기능에 따라 수행 정도가 다르게 나타나며, 또한 문화적, 사회적 여건에 따라 다르게 나타난다. 원예작업을 성공적으로 수행하기 위한 수행배경은 시간적 측면과 환경적 측면으로 이루어진다. 이 두 가지는 서로 영향을 주는 관계를 갖고 있으며 두 요소가 일치되어야 성공적인 작업수행이 이뤄진다. 수행영역에 참여하는 데 관련된 수행영역에서의 기능은 수행요소들과 함께 궁극적인 작업치료의 관심사이다. 수행배경은 수행영역과 수행요소에 관련된 원예작업의 기능과 능력을 계획하고 수정할 때 고려해야 할 사항이다.

1) 시간적 측면

수행배경 시간적 측면 (Temporal Aspects)		시간적 측면 수행배경 분석 (장미꽃바구니 작업의 예)
연령 (Chronological)	개인의 나이	모든 연령이 수준별 원예작업이 가능하다.
발달적 측면 (Developmental)	성숙의 단계	성숙의 단계
생활주기 (Life Cycle)	생의 중요한 시기. 예를 들면, 직장 경험의 시기, 부모가 되는 시기, 교육과정 시기	모든 대상자별 원예작업이 가능하다.
장애 정도 (Disability Status)	장애의 연속선상에 위치. 예를 들면, 급성적 손상, 만성적 장애, 질병의 말기 상태	장애의 연속선상에 위치. 예를 들면, 급성적 손상, 만성적 장애, 질병의 말기상태에 따라 수준별 원예 작업이 가능하다.

2) 환경적 측면

수행배경 환경적 측면 (Environmental Aspects)		환경적 측면 수행배경 분석 (장미꽃바구니 작업의 예)
물리적 (Physical)	인간 외의 환경적인 면. 예를 들면, 자연, 식물, 동물, 건물, 가구, 도구 등	인간 외의 환경적인 조건으로 실내, 실외에서 적용이 가능하며 테이블과 의자가 있는 치료 공간이 적절하다.
사회적 (Social)	의미 있는 사람들의 유용성과 기대감. 예를 들면, 배우자, 친구, 보호자 등. 또한 사회적 규범, 역할의 기대, 사회적 관계를 확립하는 데 영향력이 있는 더 큰 사회적 집단을 포함한다.	의미 있는 사람들의 유용성과 기대감을 공유하도록 사회적 규범, 역할의 기대, 사회적 관계를 확립하는 데 영향력이 있는 원예집단이 활용된다.
문화적 (Cultural)	관습, 신념, 활동패턴, 표준적 행동 그리고 사회에서 수용되는 기대를 말한다. 정치적 면에서는 예를 들면, 인적·물적 자원의 접근에 영향을 주고 개인의 권리를 보장하는 법이 포함된다. 또한 교육, 고용, 경제적 지원을 위한 기회를 포함한다.	자연 친화적인 환경의 필요성이 부각되고 있으며 지역사회 중심의 활동 또한 강조되고 있다. 노인인구의 증가와 주부들의 활동 증가, 여가활동의 필요성이 제기되고 있다. 생태적 원예교육, 장애인 사회 재활의 필요성, 사회적 기업과 직업재활의 필요성이 요구되고 있으며 사회적 지원이 늘어가고 있다.

3.4. 원예작업분석 실제

3.4.1. 원예작업 매뉴얼 만들기

Step 1. 원예활동에 대한 인식 단계
Step 2. 원예작업 적용을 위한 실질적 분류 단계
Step 3. 형식을 갖춘 매뉴얼 작성 단계
Step 4. 합리적 적용을 위한 고려사항

Step 1. 원예활동에 대한 인식 단계
먼저 활동 요약을 시작해 본다.
원예활동을 치료사가 먼저 요약을 해보고, 그 활동에 대해 인식해야 한다.

① 목적 있는 하나의 활동을 선택하고 그것을 수행하기 위한 신체적인 사항을 단계로
나누어 본다.
② 활동을 수행하면서 경험되는 인지적, 신체적, 정서적 자극을 기록한다.
③ 자신의 행동과 타인의 행동을 관찰한 후 하고자 하는 활동의 목적과 단계를 나누어
볼 수 있다.

원예활동 인식 유형

활동명: 봉숭아 물들이기

다음의 문장을 완성하라.

---

1. 이 활동을 하는 동안 나는＿＿＿＿＿＿＿＿＿＿＿＿＿＿＿생각하고 있었다.
어렸을 때 엄마와 손발톱에 물들이던 시절을

2. 이 활동을 하는 동안 나는＿＿＿＿＿＿＿＿＿＿＿＿＿라고 느꼈다.
앞으로 계속 해야겠다, 다른 사람에게도 나눠주고 싶다.

3. 이 활동을 하는 동안 나는 내 신체의 부분 중 ＿＿＿＿＿을 사용하고 있었다는 것을 기억한다.
나의 손가락과 발, 냄새 맡기 위한 코

---

4. 이 활동을 하는 동안 주의 집중은＿＿＿＿＿＿＿＿＿＿＿＿＿할 필요가 있다.
    손발톱에 흔들리지 않으면서 꽃잎 올려놓기, 실로 묶기

5. 내가 이 활동을 다시 할 때 나는＿＿＿＿＿＿＿＿＿＿＿＿＿＿할 것이다.
    열 손가락을 다 물들일 것이다. 그러기 위해 여러 사람들과 함께 모여서

6. 이 활동을 하면서 나는＿＿＿＿＿＿＿＿＿＿＿＿＿＿＿알게 되었다.
    매년 여름이 기다려지고, 봉숭아 씨를 뿌려서 기르는 방법을

Step 2. 원예작업 적용을 위한 실질적 분류 단계

행동단계 기술하는 방법은 '하다-무엇을-어떻게 행하는가(Do-What-How Style)'에 따라 기술하여 5단계로 나누어 본다. 이 과정을 통해 단계적인 원예작업을 수행하도록 지도하게 된다.

활동명	A. 활동명을 목적에 맞게 만들어 보세요. • 개운죽 물재배
활동설명	B. 활동에 대한 간단한 설명을 하세요. • 개운죽을 물로 기른다. • 인공토양을 이용하여 투명 용기에 중심을 잡아 심어 본다.
수행목표	C. 주요한 활동을 5단계로 나누어 보세요. • 1단계 수행: 개운죽을 보고, 만지고 관찰한다. • 2단계 수행: 독립적으로 용기에 토양을 1/3 정도 넣는다. • 3단계 수행: 식물의 중심을 잡고 다시 토양을 용기에 2/3 정도 넣는다. • 4단계 수행: 물을 남은 용기의 2/3 정도 넣는다. • 5단계 수행: 지속적으로 기를 계획을 세우고 이름을 스티커에 써서 병에 붙인다.

Step 3. 형식을 갖춘 매뉴얼 작성 단계

(1) 활동명을 목적에 맞게 만들기

원예작업을 간단히 설명할 수 있는 제목을 만들어 본다. 원예작업은 재배, 꽃 장식, 응용으로 나뉘어서 그에 맞는 제목으로 흥미를 느낄 수 있는 제목으로 해야 한다. 압화인 경우 단순한 압화보다는 대상의 특성에 따라 다르게 적용할 수 있는데, 노인이라면 '개나리·진달래 이름표 만들기'가 정감이 가고 재인식을 하게 하며, 청소년이라면 '미래 명함 만들기'라고 하여 흥미를 유발시키는 것이 좋다. 우울증 경향이 있는 여성의 경우 '꽃 이름표' 또는 '알록달록 꽃바구니를 선물합니다'로 하여 압화 꽃바구니를 만들게 한다. 사회성이 결여된 정신과 환자들을 그룹으로 한다면 '압화 달력 만들기'로 하는 것이 효과적이다.

일반적으로 첫 회에는 대상자들끼리도 인사를 하지 않은 경우가 많으므로 서로의 이름을 식물이나 꽃 이름으로 하여 이름표를 만드는 활동을 계획하면 서로를 재인식하고 즐겁게 활동을 유도할 수 있다.

(2) 활동에 대한 목표 설명
원예작업 전체의 목표는 수행영역과 수행요소 그리고 수행배경을 고려하여 대상자에 맞는 목표를 만들어야 한다.

(3) 주요 수행단계에 따른 목표를 5단계로 나누어 활동 계획 세우기
원예작업이 정해졌다면 그 활동을 5단계로 나누어 순서를 정하는 과정이 필요하다. 어느 누구든지 할 수 있는 기본적인 활동 5단계로 수행 목표를 설정하며, 각 단계별 이끌 수 있는 수행요소와 연결하여 활동을 결정한다.

① 수행목표
• 1단계 수행: 식물과 재료를 오감으로 관찰하도록 하여 감각통합 기능을 강화하게 한다.
• 2단계 수행: 5단계 작업을 기억하며 기억력이 강화된다. 이끼를 이용한 식물 가꾸기 방법을 학습하고 실내식물을 관리하는 방법을 습득하게 한다.
• 3단계 수행: 5단계 작업을 단계적으로 수행하여 운동 기능을 강화한다.
• 4단계 수행: 5단계 작업을 단계적으로 수행하여 운동 기능을 강화한다.
• 5단계 수행: 원예작품을 완성하여 이름을 쓰거나 선물하거나 전시할 목적으로 마무리하여 만족감과 성취감, 자기표현과 사회적 역할수행을 하도록 하여 심리사회적 기능을 강화한다.

② 수행요소 계획
• 신체적 기능: 단계마다 독립적 수행능력을 목표로 각 단계별 능력을 평가할 수 있다.
• 감각적 기능: 활동순서, 지속시간, 활동과정, 활동자세를 목표로 감각 및 지각기능 목표를 설정하고 평가할 수 있다. 도구-자세/크기/모양/무게/질감을 관찰하는 과정으로 감각처리를 촉진시키고 평가할 수 있다.
• 인지적 기능: 순서를 듣고 따라 할 수 있는 정도에 따라 평가한다.

• 사회 심리적 기능: 자신의 감정이나 생각을 표현하는 정도, 흥미, 대인관계 정도, 사회적 역할수행, 만족감 등의 표현정도에 따라 평가한다.

(4) 운동, 감각, 인지, 사회·심리효과를 유도하기 위한 수행계획 설정

수행단계	• 수행 작업 계획 (나를 닮은 야자 토피어리 작업의 예)	수행요소	• 수행 작업 분석
1단계	• 수태와 식물(야자)을 만져서 질감을 느끼고, 색을 보고, 냄새를 맡으며 오감으로 관찰한다.	감각	• 시각, 촉각, 공감각의 통합
2단계	• 만드는 과정을 5단계로 나누어 설명한다. • 물재배의 방법과 관리, 야자의 특성을 설명한다.	인지	• 5단계 작업 기억 • 이끼를 이용한 식물 가꾸기 지식 습득 • 물재배하는 방법으로 토양을 적게 하여 실내에서 감상하는 일반화 과정
3단계	• 25×25cm 비닐을 깔고 이끼에 분무기로 적시고 20×15cm으로 펼친다. • 식물을 중심을 두고 비닐을 동그랗게 감싼다.	운동	• 손바닥 내외전 • 손가락 미세운동 • 양측 시야 확장 • 시각 자극 • 주먹 쥐기 • 장악력 • 상지운동 • 상체 균형 잡기
4단계	• 보조자의 도움을 받아 한 손 또는 양손으로 낚싯줄을 단단히 감는다.	운동	• 어깨 외회전 근육 강화 • 손목의 고정 힘 강화 • 손가락의 쥐는 힘 강화
5단계	• 눈과 코를 붙여서 얼굴을 완성한다. • 분무기로 물을 뿌리고 이름을 정하여 스티커에 써서 붙이고 서로의 식물을 감상하고 자신의 작품을 설명한다.	심리사회	• 자기 표현 • 대인관계기술 촉진 • 성취감

Step 4. 합리적 적용을 위한 고려사항

(1) 사전작업·재료, 도구·장비, 비용, 구매 장소

동일한 작업이라도 연령, 성별, 경험유무, 수행능력, 질환, 장애에 따라 난이도를 조절해야 한다. 단순한 원예작업을 유도하려면 재료와 도구를 대상자에 맞게 쉽고 간단하게 조절해 주는 사전작업이 필요하다. 재료의 특성에 따른 비용과 구입 방법도 정리해 두어야 한다.

(2) 원예활동을 위한 장소·환경

대상자별 수행능력의 차이가 많이 있다. 할 수 있는 수행능력에 따라 사전에 준비해야 할 요소가 다르다. 대상자에 따른 수행배경을 고려하여 연령, 장애 정도, 경험 여부에 따라 원예작업 환경을 설정하고 준비해야 한다.

(3) 원예활동의 난이도 단계조정

원예작업의 기술을 단계별로 나누어 난이도를 조절해야 한다. 재료에 있어서 리본을 묶는 작업이 어려우면 빵끈과 같이 철사가 있어서 쉽게 조여지는 재료로 대체할 수 있다. 낚싯줄 대신 재료의 색에 맞는 털실을 이용하면 손에 부드러우면서 따스한 느낌을 주며 안전하게 작업을 할 수 있다.

(4) 기타 주의사항

원예작업의 관리에 있어서 재배식물의 생명을 유지해야 하는 과제가 있다. 물주기 주의점, 빛 관리, 영양관리 등에 대한 주의점과 생활 속에서 쓰레기가 되지 않도록 관리상의 팁을 교육해야 한다. 병원에서는 병실에 꽃을 두지 않는다든지, 요양원에서는 물받침이 없는 화분은 환경을 저해하게 되고 빨리 죽게 된다는 것 등이다. 우리 주변의 환경과 잘 어울리는 원예작품이 되도록 세심한 관리가 필요하다.

3.4.2. 원예작업 매뉴얼의 예

1) 나를 닮은 야자 토피어리

활동명	나를 닮은 야자 토피어리	
목표	천연이끼를 만지고 볼 뿐만 아니라 식물과 함께 가꾸는 재미를 느끼게 하여 신체적, 심리사회적 활력을 갖게 유도하고자 한다.	
사전작업	치료자가 식물과 이끼를 물에 적시고 씻어서 용기에 담아 놓는다.	
준비물	천연이끼, 수경재배용 식물(개운죽, 테이블야자, 싱고니움), 분무기, 낚싯줄, 이름표, 네임펜	
활동	치료 과정	작업수행분석 및 기대효과
도입	● 손을 맞잡으며 작업의 시작을 알린다. ● 몇 년도, 몇 월, 며칠, 몇 회 활동임을 알린다. ● 양손을 잡고 만세를 부른다. ● 물재배 식물을 교육한다.	① 감각: 촉각, 공감각 ② 운동: 상지운동 ③ 인지: 지남력 ④ 심리사회: 원예교육을 통한 학습
수행목표	● 1단계 수행: 수태와 식물(야자)을 만져서 질감을 느끼고, 색을 보고, 냄새를 맡으며 오감으로 관찰한다. ● 2단계 수행: 만드는 과정을 5단계로 나누어 설명한다. 물재배의 방법과 관리, 야자의 특성을 설명한다. ● 3단계 수행: 25×25cm 비닐을 깔고 이끼에 분무기로 적시고 20×15cm으로 펼친다. 식물을 중심에 두고 비닐을 동그랗게 감싼다. ● 4단계 수행: 보조자의 도움을 받아 한 손 또는 양손으로 낚싯줄로 단단히 감는다. ● 5단계 수행: 눈과 코를 붙여서 얼굴을 완성한다.	① 감각: 시각, 촉각, 공감각의 통합 ② 인지: 5단계 작업을 기억하며 기억력이 강화된다. 이끼를 이용한 식물 가꾸기 방법을 학습하고 실내식물을 관리하는 방법을 습득하게 한다. ③ 운동: 손바닥 내외전, 손가락 미세운동, 양측 시야 확장, 시각 자극, 주먹 쥐기, 장악력, 상지운동, 상체균형 잡기, 어깨 외회전 근육강화, 손목의 고정 힘 강화, 손가락의 쥐는 힘 강화 ④ 심리 사회: 자기표현, 대인관계기술 촉진, 성취감

수행목표	• 최종: 분무기로 물을 뿌리고 이름을 정하여 스티커에 써서 붙이고 서로의 식물을 감상하고 자신의 작품을 설명한다.	
정리	• 자신이 관리할 것인지 선물할 것인지를 선택한다. • 활동의 감상을 나누고 격려한다.	① 감각: 촉각, 시각 ② 운동: 어깨의 외전, 내전, 굴곡 ③ 인지: 목표설정 ④ 심리사회: 만족감, 성취감
관리 작업	• 이끼를 이용한 식물재배는 매일 한 번씩 분무기로 관수해야 한다. • 물받침을 두어 관리한다.	① 인지: 계획 세우기 ② 심리사회: 양육본능
활동의 다양성과 난이도	• 이끼의 크기를 변화하면 손 운동이 늘어난다. • 식물을 다양하게 구성한다. • 용기 받침을 와이어로 만들면 상지기능 훈련강화와 직업재활단계로 이끌어진다.	① 난이도 조절 ② 인지재활 ③ 직업재활

2) 베고니아 PET병에 기르기

활동명	베고니아 PET병에 기르기	
목표	베고니아의 넓고 아름다운 잎을 감상하고, 시각을 자극하고 식물줄기를 흙에 심어 뿌리를 내림으로써 생명의 소중함을 느끼게 한다.	
사전 작업	• 치료자가 PET병을 잘라 준비한다. • 베고니아 삽수를 잘라 물에 담가 놓는다.	
준비물	베고니아 삽수, PET병, 배양토, 하이드로 볼, 플라스틱 수저	
활동	치료 과정	작업수행분석 및 기대효과
도입	• 손을 맞잡으며 작업의 시작을 알린다. • 몇 년도, 몇 월, 며칠, 몇 회 활동임을 알린다. • 양손을 잡고 만세를 부른다. • 물재배 식물을 교육한다.	① 감각: 촉각, 공감각 ② 운동: 상지운동 ③ 인지: 지남력 ④ 심리사회: 원예교육을 통한 학습
수행 목표	• 1단계 수행: 베고니아와 토양을 오감으로 관찰한다. • 2단계 수행: PET병에 숟가락으로 토양을 절반 담는다. • 3단계 수행: 토양 속에 베고니아 삽수를 넣고 나머지 흙을 채워준다. • 4단계 수행: 토양 표면은 하이드로 볼로 마무리한다. • 5단계 수행: 분무기로 물을 뿌리고 이름을 스티커에 써서 붙인다.	① 감각: 시각, 촉각, 공감각의 통합 ② 인지: 5단계 작업 기억, 토양재배기 지식 습득, 용기에 식물, 토양, 물을 담는 문제해결, 계절감 ③ 운동: 주먹 쥐기, 손가락 운동, 미세손동작, 상지운동, 상체 균형 잡기, 양손 협응 ④ 심리사회: 안정감, 성취감
정리	• 자신이 관리할 것인지 선물할 것인지를 선택한다. • 활동의 감상을 나누고 격려한다.	① 감각: 촉각, 시각 ② 운동: 어깨의 외전, 내전, 굴곡 ③ 인지: 목표 설정 ④ 심리사회: 만족감, 성취감
관리 작업	• 일주에 한 번씩 관수해야 한다. • 식물의 변화를 관찰한다.	① 인지: 계획 세우기 ② 심리사회: 양육본능
활동의 다양성과 난이도	• 베고니아 대신 삽목이 가능한 여러 가지 관엽식물을 사용할 수 있다. • 용기는 PET병 대신 다양하게 이용할 수 있다. • PET병에 다양한 장식을 할 수 있다.	① 난이도 조절 ② 인지재활 ③ 직업재활

제4장 원예작업치료를 위한 수행영역, 요소, 배경분석의 예

4.1. 활동 · 작업명

허브 차 마시기

4.2. 수행배경

A. 환자의 연령/성별	21/여자
B. 진단/장애 상태	장애 없음
C. 주거환경	기숙사
D. 가족/결혼 여부	부모, 남동생 1/미혼
E. 인종/문화적 배경	한국인
F. 경제/고용 상태	대학생
G. 교육수준	15년
H. 치료환경	성인 작업치료실

4.3. 활동 · 작업이 추구하는 치료 목표

허브차를 마시고, 허브의 향기를 맡으면서 정서적인 안정감을 느낄 수 있다.

4.4. 필요한 재료 및 도구(각각의 양과 비용)

사전에 준비된 따서 말린 허브(로즈메리, 페퍼민트 등), 우려낼 수 있는 전기주전자, 머그컵, 차와 함께할 다과

4.5. 활동 전 준비사항

- 작업치료사
- 준비단계: 2단계
- 필요시간: 1~2시간 사이

4.6. 도구 및 재료 보관 장소

찬장 안, 환자는 치료사가 지시하는 대로 자신만의 재료와 도구를 맡는다.

4.7. 원예작업 활동 단계

① 주전자에 물을 올려놓고 물을 끓인다(5~10분).
② 머그컵에 허브 중 민트 잎을 넣고 끓인 물을 넣는다.
③ 우려낸다(약 30초).
④ 머그컵을 들어서 마신다(향을 음미하고 맛을 느낀다).
⑤ 대화를 나누며 미리 준비해 놓은 다과와 함께한다.

4.8. 지시방법

구두로 설명하고 필요한 경우 시범을 보인다.

4.9. 예방조치

대상자가 뜨거운 물을 사용하는 데 있어서 화상의 위험이 있다. 과제를 수행하는 동안 조심스러운 관찰이 필요하다.

4.10. 수행영역

원예 작업은 어떤 것에 대한 것인가? 그 이유는?

(1) 건강 유지: 친숙한 자연의 향기와 함께하므로 정서적으로 안정된 건강을 유지할 수 있다.

(2) 가정 관리: 해당되지 않는다.

(3) 타인에 대한 관심: 자신이 직접 끓인 차를 대접하는 즐거움과 타인의 관심을 받을 수 있다.

(4) 교육 단계(연령 혹은 등급별 수행 기대 이용): 해당되지 않는다.

(5) 직업/은퇴(일과 관련된 기술을 실습할 수 있는 기회)

① 지도 받기: 치료사로부터 지도를 받아야 한다.

② 권위 인정하기: 치료사의 권위를 인정해야 한다.

③ 적응하기: 자신이 해보지 못했던 일이나 새로 접하는 향에 대해 적응해 본다.

④ 목표 설정하기: 활동시간에 허브차 만들기 단계들을 계획한다.

⑤ 독립적/협동적으로 계획하고 실행하기: 치료사가 보기에 혼자 할 수 있는 능력이 있는 사람은 독립적으로 계획해 보도록 한다.

⑥ 올바른 신체 역학(기교)의 시범: 멀리 있는 재료를 가지고 집에 갈 때, 마무리를 하고자 몸을 구부리는 데 있어 신체 역학에 대한 지도가 요구된다.

⑦ 시간재기/기다리기: 주전자의 물이 끓이기까지의 시간과 허브차가 우러나기까지의 시간을 기다려야 한다.

⑧ 숫자 세기: 주전자의 물이 끓는 동안 시간을 재며 시계의 숫자를 볼 수 있다.

⑨ 결정하기: 물을 따를 때 차의 양을 결정할 수 있다.

⑩ 자기평가: 실제로 자신이 만든 차의 맛을 평가할 수 있다.

⑪ 놀이/여가 계발: 여유가 있을 때 혹은 차 마시기를 즐기고 싶을 때 차를 끓이는 여가를 개발할 수 있다.

⑫ 놀이/여가 수행: 이 활동이 완전히 병을 완쾌하게 하는 것이 아니므로 이 활동 외에도 다른 활동을 찾아야 한다는 것을 깨달아야 한다.

4.11. 수행요소

4.11.1. 감각·인식과정

(1) 이 원예작업을 하는 동안 피부에서 온도와 압력 자극을 감지하는가?

: 물을 끓인 주전자를 잡을 때의 온도, 차가운 식기의 머그컵을 잡을 때, 물이 담긴 주전자의 압력 등을 근육과 관절에 오는 압력을 감지할 수 있다.

(2) 이 활동을 수행하기 위한 각 신체부위의 관계를 느끼는 것이 필수적인가?

: 해당 없다.

(3) 이 활동을 하는 동안 환자가 머리의 위치와 움직임을 구별하도록 요구되는가? (예: 구부리고 있기)

: 환자는 물이 끓는 동안과 차를 마실 때는 거의 대부분 앉아 수행하고 나머지 활동은 일어서서 활동한다.

(4) 원예작업이 시각기관에 자극을 주는가? 어떻게?

: 우려낸 허브차의 색을 본다.

(5) 이 원예작업에 의해 청각기관이 자극을 받는가? 어떻게?

: 물이 끓는 소리를 들을 수 있다.

(6) 미각기관에서 자극을 감지하는가? 어떻게?

: 허브차를 마시며 맛을 느낄 수 있다.

(7) 원예작업이 후각기관에 자극을 주는가? 어떻게?

: 다 끓인 허브차 특유의 향기를 맡을 수 있다.

4.11.2. 지각과정

(1) 이 과정 중 느낌으로 알 수 있는 입체인식(Stereognosis)이 필요한가? 언제?

(2) 관절의 움직임을 구별할 수 있어야 하는가? 어떤 관절인가?

: 주전자를 둘러싼 손가락의 굴곡, 주전자를 들 때 견관절, 주관절, 손목관절의 약간의 굴곡

(3) 이 원예공작이 부정적인 기분을 일으키는가?

  : 해당 없다.

(4) 이 활동/작업 시 신체상 인식(Body Scheme)이나 공간에서 몸의 위치를 인식하는 것이 필수적인가? 언제?

  : 해당 없다.

(5) 이 원예공작에서 환자가 오른쪽과 왼쪽을 구분해야 할 필요가 있는가? 언제?

  : 오른손으로 주전자를 들어 왼쪽 방향을 향하여 물을 부을 수 있다.

(6) 형체, 모양 그리고 공간이 같은지 구분해야 하는가? 언제?

  : 컵 안에 물을 부을 때 위에서 바라본 컵 모양 안에 부을 수 있어야 한다. 그리고 차를 마실 수 있는 머그컵을 선택할 수 있어야 한다.

(7) 원예공작을 어떻게 완성하는지 알기 위해 미완성작품이나 그림을 인지하는 것이 필요할 것인가?

  : 활동 도중 다른 일이 생겨 활동 흐름이 끊겼을 때, 끊긴 이후의 활동부터 다시 시작할 수 있어야 한다.

(8) 환자가 어떤 형체나 대상을 그 배경으로부터 구별할 필요가 있는가?

  : 테이블과 테이블 위에 있는 컵을 구분할 수 있어야 한다.

(9) 환자가 이 과제를 수행하기 위해 심층 지각을 사용해야 하는가?

  : 물이 들어간 주전자를 들어 올릴 때 안전에 유의하고 주전자를 잡을 때 힘을 어느 정도 줘야 할 것인지에 대한 지각이 필요하다.

(10) 객체의 위치를 각기 다른 것과 관련하여 구별하거나 하나의 객체로부터 다른 객체로 이동할 필요가 있는가?

  : 주전자 속의 물을 머그컵 안으로 옮길 때 필요하다.

4.11.3. 신경・근골격(Neuromusculoskeletal)

(1) 원예공작 활동이 연동운동에 자극을 줄 수 있었나?

  : 해당 없다.

(2) 어떤 관절 운동이 관계되는가?

① 주전자를 잡고 따를 때: 견관절 60도 외전, 80도 굴곡, 주관절 약한 중지 굴곡, 손목

관절 중립, 엄지를 제외한 손가락 중수골, 기절골, 말절골의 굴곡, 엄지 외전

② 컵을 들어 마실 때: 주관절 full 굴곡 신전, 손목 중립, 엄진 외전, 중수골, 기절골, 말절골의 굴곡

(3) 운동이 수동적인가, 능동적인가?

: 대부분 능동적이다.

(4) 어느 정도의 관절 가동 범위가 요구되는가?

: 손과 손목의 완전한 동작이 요구된다.

(5) 근육 긴장도가 과제 완성에 제한을 가하는가?

: 근육의 무기력함이나 협응력 실조증으로 인해 제한을 받을 수 있다.

(6) 환자가 어떤 자세를 취할 것인가?

: 앉기

(7) 각 자세에서 어느 정도의 인내력과 근력이 요구되는가?

: 차를 준비하고 마실 때까지 어깨를 들거나 고정하는 근력과 지구력이 필요하다.

(8) 환자가 직립한 자세를 유지할 수 있어야 하는가?

: 그렇지 않다. 차를 마실 때는 편안한 자세를 취할 수만 있으면 된다.

4.11.4. 운동(Motor)

(1) 어떤 근육계가 관련되는가?

: 손가락 5개와 손목, 주관절, 견관절의 굴근, 신근, 전완의 회외근, 회내근, 견관절의 외회전과 내회전

(2) 눈이나 사지를 몸의 중심선을 이동하여 움직여야 하는가?

: 주전자에 물을 따르거나 잔에 넘치지 않게 넣기 위해서 손과 눈은 중심선을 넘거나 이동한다.

(3) 몸의 양측이 같이 움직여야 하는가?

: 해당 없다.

(4) 원예공작을 할 때, 움직이기 전에 계획을 미리 세울 것이 요구되는가?

: 그렇다. 활동의 적절한 효과를 얻기 위해서는 반드시 순차적으로 행해져야 하기 때

문에 각 단계를 통해 움직일 수 있도록 계획을 세워야 한다.

(5) 소근육 조절이나 손가락 기민도가 요구되는가?

: 주전자를 잡을 때와 컵을 잡을 때 소근육 조절 기능이 요구된다.

(6) 시각적 정보가 몸의 움직임과 조화되어야 하는가?

: 해당 없다.

4.11.5. 인지(Cognition)

(1) 지남력(orientation)

① 시간: 정시에 작업치료실에 도착하기 위해

② 장소: 작업치료실을 어떻게 찾아야 할지 알기 위해

③ 사람: 왜→ 이 활동으로부터 이득을 얻을 수 있는지를 알기 위해

(2) 인식(Recognition)

: 환자는 전 시간에 어디에서 중단하였는지 알아야 한다.

(3) 기억력

① 단기 기억력 필요조건(10초에서 10분)

: 구두 지시사항을 따르기 위해서 필요하다.

② 최근 기억력 필요조건(시간, 일, 월)

: 전에도 차를 끓였던 것을 기억하기 위해 필요하다.

③ 장기 기억력 필요조건(최근 몇 년)

: 필요하지 않다.

(4) 집중시간

: 한 단계에서 집중하는 데 필요한 최장 시간은 30분이다.

(5) 활동의 적절한 시작과 종결

: 환자는 한 절차가 언제 끝나고 다음 과정이 언제 시작하는지를 알고 있어야 한다.

(6) 올바른 순서에 맞는 연속적 행동

: 차를 끓이기 위한 순서를 알아야 한다.

(7) 대상의 공간적인 위치를 마음속으로 다루기

 : 해당 없다.

(8) 문제 해결

① 문제의 존재 인식

 : 물을 너무 오래 끓였다든가 물을 너무 많이 부었는지 알아야 한다.

② 해결책 모색

 : 물이 넘쳐흘렀을 때 어떻게 해결해야 할지, 컵을 엎었을 때 어떻게 처리할지를 알아
   야 한다.

③ 해결책 실행 및 평가

 : 환자는 위에 기술된 문제들을 해결하기 위해 기술을 개발할 수 있다.

(9) 환자가 이 원예작업을 하면서 배운 것을 다른 곳에서도 사용할 수 있는가?

 : 차를 끓이면서 배운 인내심을 활용할 수 있다.

4.11.6. 심리사회적(Psychosocial)

(1) 원예작업이 환자에게 무엇이 가치가 있는지를 발견할 수 있는 기회를 제공하는가?

 : 허브차를 마시면서 정서적 안정감과 여유를 느낄 수 있음을 발견할 수 있다.

(2) 환자가 원예작업을 하는 데 필요한 시간 동안 집중할 수 있을 만큼 흥미를 느끼는가?

 : 자신이 직접 끓여 대접한다는 것과 맛있게 먹을 수 있다는 것에 흥미를 느낄 수 있다.

(3) 원예작업이 자기존중감을 높여 주는가? 어떻게?

 : 긍정적으로 영향을 받으며 치료사나 다른 환자분에게 칭찬을 받을 수도 있다.

(4) 원예작업이 환자의 역할과 혹은 성별 정체감을 강화시키는가?

 : 해당 없다.

(5) 원예작업을 완성하기 위해 사회적 기술의 연습이 필요한가?

 : 환자는 치료사에게 "~해주세요" 혹은 "감사합니다"라고 말하면서 적절한 도움과 지
   도를 요청한다. 다른 환자들이 같은 도구를 사용하고 있을 수도 있으므로 환자는 그
   것들을 나누어 쓰기 위해 사회적 기술이 필요할 것이다.

(6) 어떤 의사소통이 요구될 것인가?

① 환자에 의해: 도움을 요구하거나, 치료사로부터 구두지시를 받는 것

② 치료사의 의해: 감독할 수 있는 능력

③ 다른 환자에 의해: 도구를 요구할 때나 치료사가 다른 할 일이 없을 때 바로 도움을 요청하도록 기다릴 필요가 있다.

④ 그룹과 함께 어떤 도구나 공간을 함께 나누어 써야 할지 명시할 필요가 있다.

(7) 원예작업이 정서적인 표현을 할 수 있는 기회를 주는가?

① 적대감/공격심: 물건 던지기

② 슬픔: 기다릴 때

③ 행복감: 맛있는 차를 음미하며 마실 때

④ 애정: 해당 없다.

(8) 환자 자신의 지각/신념의 현실화를 시험할 수 있는 기회가 제공되는가?

: 작업의 효율성에 통해 직접적인 피드백을 받을 것이다.

(9) 어떤 자극 조절이 필요한가?

: 단계를 뛰어넘거나 기다리지 못하고 화나는 상황에서 자극조절을 연습해야 한다.

(10) 원예작업을 하는 동안 리더십을 개발할 기회가 있는가?

: 비슷한 과제에 대해 다른 환자들에게 설명할 수 있도록 할 수 있다.

◆ 원예작업 분석–작업 인식

원예 작업 인식
작업명 :
다음의 문장을 완성하시오.
1) 이 활동을 하는 동안 나는 _____생각하고 있었다.
2) 이 활동을 하는 동안 나는 _____라고 느꼈다.
3) 이 활동을 하는 동안 나는 내 신체의 어느 부분 중 _____사용하고 있었다는 것을 기억한다.
4) 이 활동을 하는 동안 주의 집중은 _____할 필요가 있다.
5) 내가 이 활동을 다시 할 때 나는 _____할 것이다.
6) 이 활동을 하면서 나는 _____알게 되었다.

◆ 원예작업 분석–5단계 수행

작업명	A. 작업명을 목적에 맞게 만들어 보세요.
작업 설명	B. 작업에 대한 간단한 설명을 하세요.
수행 목표	C. 주요한 작업5단계로 나누어 보세요. 1단계수행 : 2단계수행 : 3단계수행 : 4단계수행 : 5단계수행 :

◆ 원예작업분석 – 수행요소

작업명		
목표		
준비물		
작업	치료과정	기대효과
도입		
작업 단계	① ② ③ ④ ⑤	◎ 감각 ◎ 인지 ◎ 운동 ◎ 사회심리

◆ 원예작업치료 – 활동계획서

제목		적용대상		날짜	
목표					
준비물					
작업	작업단계		수행요소		
도입					
작업 단계	① ② ③ ④ ⑤		◎ 감각: ◎ 인지: ◎ 운동: ◎ 사회심리:		
주의 사항					
중재 (활동의 다양성과 난이도)					

사진	<작업사진>

참고문헌

곽혜란·서정남·이애경. 2009. 『교실에서 만나는 자연』. 부민문화사.

김미영. 2007. 원예작업치료가 뇌졸중후 반신마비환자의 신체 및 심리적 재활에 미치는 영향. 서울시립대학교 대학원. 석사학위 논문.

김미영. 2011. 병원옥상정원을 이용한 원예작업치료 효과분석. 서울 시립대학교 대학원. 박사학위 논문.

박수현 저. 2008. 『작업치료사를 위한 임상지침서』. 군자출판사.

손기철 외. 1997. 『원예치료』. 도서출판 서원, pp.30-32.

손기철 외. 2007. 『전문적 원예치료의 실제』. 쿠북.

양영애 외 저. 2008. 『작업치료 임상실습서』. 정담미디어.

이택영·도기철 옮김. 2010. 『작업수행분석과 적용』(개정 4판). 영문출판사.

이한석 저. 2009. 『임상작업치료 평가』. 계축문화사.

Allen, C. K. and R. E. Allen. 1987. Cognitive disabilities: measuring the social consequences of mental disorders. *J. Clinical Psychiatry* 48(5): 181-191.

American Occupational Therapy Association. 1995. Occupation: A position paper. *American Journal of Occupational Therapy* 49: 1015-1018.

American Occupational Therapy Association. 2007a. AOTA Centennial Vision and executive summary. *American Journal of Occupational Therapy* 61: 613-614.

American Occupational Therapy Association. 2007b. Specialized knowledge and skills in feeding, eating, and swallowing for occupational therapy practice. *American Journal of Occupational Therapy* 61: 686-700.

Argyle, M. 1987. *The psychology of happiness*. London: Methuen.

Beck, A. T. 1979. Cognitive therapy and emotional disorders. New York: International Universities Press.

Christiansen, C. and C. Baum. 1996. *Occupational therapy enabling function and well-being*(2nd edition.). Thorofare, NJ: SLACK Incorporated.

Christiansen, C. H. 1997. Acknowledging a spiritual dimension in occupational therapy practice. *American Journal of Occupational Therapy* 51: 169-172.

Goodwin, G. K., C. H. Pearson-Mims and V. I. Lohr. 1994. The impact of adding interior plants to a stressful setting. In: M. France, P. Lindsey and J. S. Rice(eds.). *The healing dimension of people-plant relations*(pp.353-362). Center Design Research, Department of Environmental Design, UC Davis, Ca 95616, California, USA.

Hunter R. and I. Macalpine. 1963. *Three hundred years of psychiatry*. London, England: Oxford University Press, pp.1535-1860.

Kielhofner, G. 1995. *A model of human occupation: theory and application*(2nd ed). Baltimore, USA: Williams and Wilkins.

Kim, M. Y., G. S. Kim, N. S. Mattson and W. S. Kim. 2010. Effects of horticultural occupational therapy on the physical and psychological rehabilitation of patients with hemiplegia after stroke. *J. Hort. Sci. Technol.* 28: 884-890.

Law, M., Baum, M. C. and Dunn, W. 2005. *Measuring occupational performance: Supporting best practice in occupational therapy*(2nd ed.). Thorofare, NJ: Slack.

Law, M., Baptistem S. and Mills, J. 1995. Client centred practice: what dose it mean and dose it make a difference. *Canadian Journal of Occupational Therapy* 62: 250-257.

Lee, T. Y., M. Y. Jung, B. I. Chung, E. Y. Yoo, S. J. Chang and E. W. Nam. 2009. Quality of life activity level in the elderly based on the model of human occupation. *J. Kor. Soc. Occupational Therapy* 17(1): 1-15.

Lewis, C. A. 1995. Human health and well-being: The psychological, physiological, and sociological effects of plant on people. *Acta Hort.* 391: 31-39.

Maslow, A. H. 1968. *Towards a psychology of being.* NewYork: Van Nostrand.

Matsuo, E. 1992. What we may learn through horticultural activity. In: D. Relf(ed.). *The role of horticulture in human wellbeing and social development*(pp.146-148). Portland, USA: Timber Press.

Mosey, A. C. 1981. Legitimate tools of occupational therapy. In: A. Mosey(ed.). *Occupational therapy: Configuration of a profession*(pp.89-118). New York: Raven.

Mosey, A. C. 1986. *Psychosocial components of occupational therapy.* New York: Raven.

Rogers, C. 1959. A theory of therapy, personality and interpersonal relationships as developed in the client-centered framework. In: S. Koch(ed.). *Psychology: A study of a science. Vol. 3: Formulations of the person and the social context.* McGraw Hill. New York.

Son, K. C. 2002. *Horticultural therapy.* Seoul, Korea: Joongang Life Publishing Co.

Wilcock, A. A. 1998. A theory of occupation and health. In: Creek J.(ed.). *Occupational therapy: new perspectives.* London: Whurr.

World Health Organization. 2000. International of classification of functioning, disability and health. WHO, Geneva.

제2부
원예작업치료의 응용

제5장 원예작업의 분류

5.1. 식물재배

　원예작업활동의 가장 큰 특징은 식물이 가지고 있는 생명력에 있으므로 재배의 기쁨을 알게 하는 것이 무엇보다 중요하다. 식물은 생육환경에 따라 재배 특성이 다르므로 식물의 생육환경을 잘 이해하고 맞춰주는 것이 좋다. 대상자들이 식물을 잘 기르면 많은 성취감과 자신감을 얻게 되지만 이와 반대로 잘 기르지 못하면 좌절과 실패감을 맛보게 된다.
　그러므로 식물을 기르는 공간을 이해하고 병충해에 강하고 잘 자라는 식물을 선택하는 것이 제일 중요하다.

5.1.1. 파종

　종자를 파종하는 것이 생명활동의 시작이라고 하는 것을 인식시키며 매일 발아과정을 주의 깊게 관찰해 보고 종자가 발아하여 꽃이나 열매를 맺을 수 있도록 도와준다. 종자 파종은 여러 가지 과정이 포함되어 있는 비교적 세밀한 작업이므로 인원이 많거나 집중력이 약한 대상자의 경우에는 가급적 피하는 것이 좋다.

5.1.2. 삽목

　삽목을 하면 모식물과 동일한 식물을 대량으로 증식할 수 있으므로 다른 사람에게 선물을 하도록 할 수 있다.

5.1.3. 이식(화분이식, 분갈이)

　식물은 생육단계에 알맞은 환경이 필요하다는 것을 인식하도록 할 수 있다.

5.1.4. 식물관리(적심과 적아, 지주와 유인)

식물은 사람의 손질에 따라서 생육 양상이 달라질 수 있음을 알 수 있다.

5.1.5. 채소의 재배와 수확

성장속도가 빠르고 쉽게 수확할 수 있는 채소가 좋으며 수확 후 곧바로 씻어서 먹을 수 있는 당근, 순무, 상추, 쑥갓, 토마토 등이 좋다.

5.2. 화훼장식

화훼장식 활동은 화려한 색감과 다양한 소재들로 짧은 시간 안에 대상자의 관심을 끌 수 있는 장점이 있으므로 원예작업 프로그램의 초반 활동으로 적합하다.
화훼장식에서 사용되는 소재의 특성은 색감이 화사하고 절화의 수명이 오래가는 꽃이 효과적이다. 또한 무엇보다 계절감을 느낄 수 있는 소재를 선택하는 것 또한 중요하다.

5.2.1. 한 송이 꽃포장

백합, 장미, 해바라기 등과 같이 화형이 큰 꽃을 포장한다.

5.2.2. 꽃바구니

국화와 같이 단일소재를 이용하여 색을 다양하게 해서 꽂을 수 있고 장미, 안개 등 여러 가지 소재를 이용해 혼합으로도 꽂을 수 있다. 소재를 선택할 때에는 대상자들이 다루기 쉽도록 줄기가 튼튼한 것이 좋다.

5.2.3. 협동 꽃꽂이

계절감을 느낄 수 있는 여러 가지 소재를 이용하여 꽂는다. 소재가 여러 가지일 경우에는 각각의 소재를 대상자가 한 가지씩 맡아 꽂도록 하는 것도 좋다.

5.2.4. 꽃다발

특별한 날(졸업시즌, 스승의 날 등)을 즈음하여 직접 꽃다발을 만들어 선물해 보도록 하는 것은 의미 있는 활동이 된다.

5.2.5. 리스 만들기

말채나무, 고수버들(곱슬버들) 등과 같이 휘어지기 쉬운 소재를 이용해 리스를 만들 수 있고 치자나 청미래(망개) 열매를 철사에 꿰어서 리스를 만들 수 있다.

5.3. 원예응용

원예응용 활동은 활동 후의 작품에 대한 만족도가 매우 높지만 다른 분야(미술치료, 요리치료, 공예치료 등) 활동과 차별화를 두는 것이 매우 중요하다.
응용활동을 하기 위해 식물을 기르도록 하고 식물에서 소재를 얻을 수 있는 방향으로 활동의 초점을 최대한 맞추는 것이 무엇보다 중요하다.

5.3.1. 향주머니 만들기

마른 후에도 색이나 향이 오래 있는 꽃을 꽃꽂이 한 후에 꽃을 말려 향을 첨가해서 직접 포푸리를 만들거나 직접 기른 허브를 수확한 후 말려서 허브 향주머니를 만든다. 이런 과정을 통해 꽃이나 허브는 시들어도 다시 활용이 가능하다는 것을 일깨워줄 수 있다.

5.3.2. 누름꽃(압화) 장식

봄에 흔히 볼 수 있는 팬지, 냉이꽃, 네잎클로버나 가을의 단풍잎을 직접 말리는 과정을 통해 각각의 식물들이 가지고 있는 특징을 살필 수 있으며 작은 풀 한 포기도 관심을 가지며 관찰할 수 있다.

5.3.3. 채소 수확하여 요리하기

직접 기른 채소를 수확하여 먹으면서 신선한 채소의 맛과 향을 느낄 수 있으며 동료들과 함께하는 즐거움을 더 느낄 수 있다.

5.3.4. 자연물 액자 및 장식품 만들기

전정하고 남은 나뭇가지들, 솔방울, 여러 가지 씨앗 및 꼬투리 등 자연에서 직접 얻을 수 있는 소재들을 이용해 액자 및 장식품을 만들 수 있다. 활동 틈틈이 재료를 모아두거나 과일을 먹으면서 씨앗을 모으도록 하는 등 대상자들이 직접 소재를 준비하도록 하는 것이 더 효과적이다.

제6장 기능적 능력강화를 위한 원예작업 프로그램 매뉴얼

6.1. 신체적 효과강화를 위한 원예작업 프로그램

6.1.1. 푸미라 공중걸이 화분 기르기

1) **활동목표**: 관절가동범위 증진

  PET병에 식물을 옮기는 과정에서 어깨와 손목의 움직임을 강화할 수 있으며 공중걸이 화분에 물을 주게 함으로써 상지 관절가동범위를 증진시킬 수 있다.

2) **재료**: 아이비, 배양토, PET병(2리터), 마끈, 가제, 가위, 송곳

3) **활동단계**
① PET병을 반으로 자른다.
② PET병 아랫부분 위쪽에 송곳으로 구멍을 만들어 마끈을 공중에 걸 수 있도록 한다.
③ 자른 PET병 윗부분 병 입구에 가제를 이용해 심지를 만든다.
④ ③에 배양토를 넣고 아이비를 심는다.
⑤ ④를 ②에 올려놓는다.

4) **활동중재**
① 화분을 공중에 놓고 기르려면 물이 밖으로 넘쳐 흐르지 않도록 해야 하므로 식물이 자기 스스로 물을 빨아올리는 방법인 심지관수법을 이용한다. 이 방법을 이용하면

오랫동안 집을 비울 때도 식물이 물을 흡수할 수 있으므로 편리하다.

② PET병의 외관을 마끈으로 감거나 다래덩굴을 붙이는 등 장식하는 작업을 추가하여 난이도를 조절할 수 있다.

알아두세요

① 완성된 화분을 걸어두는 높이에 따라 물을 줄 때 팔 동작을 크게 유도할 수 있다.
② 아이비 대신 줄기가 아래로 자라는 덩굴성식물인 스킨답서스, 제브리나, 호야, 마삭줄, 트리안 등을 이용할 수 있다.

6.1.2. 채소씨앗 심기

1) **활동목표**: 소근육 협응강화 및 시각-운동통합

작은 씨앗을 잡는 과정을 통하여 소근육을 강화할 수 있고 트레이 구멍에 씨앗을 넣으면서 눈과 손의 시각 협응력을 강화시킬 수 있다.

2) **재료**: 씨앗(상추, 치커리, 쑥갓, 강낭콩), 트레이, 배양토(펄라이트, 버미큘라이트, 피트모스), 라벨, 네임펜, 대야, 개량컵, 나무젓가락

3) **활동단계**
① 여러 가지 씨앗의 생김새와 모양을 관찰한다.
② 대야에 펄라이트, 버미큘라이트, 피트모스를 2:1:1의 비율로 섞고 물을 넣어 배합한다.
③ 트레이에 ②의 배양토를 담는다.
④ 트레이 중앙에 나무젓가락을 이용해 구멍을 만든다.
⑤ ④의 구멍에 씨앗을 넣고 씨앗의 2배만큼 배양토를 덮어 준다.

4) 활동중재

① 각기 다른 씨앗의 생김새를 관찰하도록 해볼까요?

② 씨앗이 자라기 위해서 필요한 것은 무엇이 있을까요?

③ 펄라이트, 버미큘라이트, 피트모스의 느낌은 어떤가요?

④ 어떤 씨앗이 먼저 나오는지 관찰해 볼까요? 똑같이 심었다 하더라도 잎이 나오는 시기가 각기 다른 것처럼 우리들 또한 각기 다른 발달과정을 갖고 있답니다.

5) 관리방법

배양토가 마르지 않도록 매일 물을 준다.

 알아두세요

① 좋은 씨앗 고르기: 가장 최근에 받은 씨앗이 가장 발아율이 좋으며 뿌리고자 하는 시기가 알맞은 것을 고른다. 파종하고 남은 씨앗은 종이에 싸서 밀폐용기에 넣은 후 건조하고 차가운 곳에 보관한다.

② 씨앗의 파종시기

3월	쑥갓, 방울토마토, 고추, 감자, 대파, 당근, 호박, 부추, 상추, 가지
4월	토마토, 오이, 참외, 봄배추, 시금치, 수박, 들깨, 강낭콩
5월	여름청상추, 근대, 아욱, 땅콩, 참깨
6월	시금치, 메주콩, 조, 수수
8월	김장배추
9월	쪽파, 시금치, 양파, 아욱, 알타리무
10월	마늘

6.1.3. 국화 삽목하기

1) **활동목표**: 소근육 협응 강화

국화줄기를 자르는 과정을 통하여 소근육을 강화할 수 있다.

2) **재료**: 국화, 트레이, 질석, 라벨, 나무젓가락, 네임펜

3) **활동단계**

① 트레이에 질석을 넣고 물을 한 번 준다.

② 국화 줄기 윗부분을 4~5cm 잘라 삽수로 이용한다(활동시간에 나갔다 들어오기 번거로우면 미리 잘라 물에 꽂아놓는다).

③ ①에 나무젓가락을 이용해 2~3cm 깊이로 구멍을 만든다.

④ ②의 국화 삽수를 ③에 꽂고 손가락으로 눌러 구멍을 메워준다.

⑤ 식물명과 삽목날짜를 적어 라벨을 꽂는다.

4) **활동중재**

① 식물의 번식방법은 어떤 것이 있을까요?

② 종자 번식의 특징, 영양번식(삽목)의 특징을 알아볼까요?

③ 줄기를 자르면 뿌리가 나올 때까지는 수분 관리를 잘해주어야 합니다.

5) **관리방법**

① 일주일 정도 실내 또는 반그늘에 놓고 마르지 않도록 매일 물을 주도록 한다.

② 신문이나 비닐을 이용하여 삽목상을 덮어 두면 습도를 유지하는 데 도움이 된다.

① 국화 줄기를 4~5cm 자른 후 아랫부분의 잎을 따주는데 2/3 정도 잎을 남긴다.
② 삽목 후 2주 정도 지나 뿌리가 나오면 화분(1호)에 옮겨 심어주고 3주 정도 지나면 다시 큰 화분(5호)에 정식하도록 한다.
③ 국화 대신 허브(로즈메리), 스킨답서스, 아이비, 핑크스타, 페페로미아와 같이 뿌리가 잘 내리는 식물을 이용할 수 있다.
④ 발근촉진제(루톤)를 이용하면 뿌리가 더 빨리 내릴 수 있다.

6.1.4. 꽃잎 눌러서 말리기(생화 염색 후 말리기)

1) **활동목표**: 소근육 협응과 지구력 강화, 시각-운동통합

꽃잎이 찢어지지 않고 제 모양대로 뜨는 과정을 통하여 소근육과 지구력을 조절할 수 있다.

2) **재료**: 미니장미, 안개꽃, 생화염색용 컬러액(식용색소), 노무라, 티슈, 두꺼운 책(또는 압판)

3) **활동단계**

① 안개꽃을 7~8cm로 잘라 식용색소에 꽂는다(30분 정도 지나면 안개꽃의 색이 변하는 것을 알 수 있다).
② 미니장미 꽃잎과 잎사귀가 찢어지지 않도록 주의해서 뜬다.
③ 미니장미 봉오리는 칼을 이용해 반으로 자른 후 두꺼운 부분은 긁어낸다.
④ 두꺼운 책 가운데 티슈를 한 장 깔고 ②와 ③의 꽃잎과 잎사귀를 겹치지 않도록 펼쳐놓는다.
⑤ 색이 변한 안개꽃과 노무라도 ④와 같은 방법으로 말린다.

4) 활동중재

① 안개의 색이 어떻게 변하는지 관찰해 보도록 할까요?

② 장미의 꽃잎이 찢어지지 않고 예쁜 모양이 그대로 나올 수 있도록 조심스럽게 따야
합니다. 공기 중에 말리면 장미가 오그라들고 색이 예쁘지 않게 변하지만 눌러서 말
리면 색이 더 예쁘고 장미 꽃잎의 모양과 색을 오래 보존할 수 있답니다.

 알아두세요

① 착색이 잘되는 꽃: 안개, 수국, 조팝나무
② 공기 중 습도가 높은 여름보다는 봄, 가을이 건조하기에 용이하다.
③ 꽃잎 말리기에 적합한 꽃 소재는 마른 후에도 색이 잘 변하지 않는 꽃이 적당하며 꽃잎이
두껍거나 크기가 크지 않은 것이 적합하다.
④ 4월에는 비올라나 냉이꽃, 10월에는 애기단풍 등이 적당하다.
⑤ 두꺼운 책이 없는 경우에는 신문지를 이용해 꽃잎을 말린 후 무거운 것으로 눌러 놓으면
된다.
⑥ 압화 보관: 자외선과 습기로부터 최대한 차단하는 것이 좋고, 두꺼운 종이 위에 말린 누름
꽃을 넣고 지퍼백에 넣어서 보관하면 편리하다.
⑦ 꽃 고를 때의 Tip

초보자가 이용하기 좋은 꽃	누름꽃 재료로 부적합한 꽃
• 색이 선명하고 변화가 많은 꽃	• 꽃잎이 나팔모양인 통꽃
• 구조가 간단한 꽃, 꽃잎이 적은 꽃	• 하나의 꽃잎으로 이루어진 꽃
• 너무 크지 않은 중간 정도이거나 작은 꽃	• 너무 크고 주름이 많은 꽃잎을 가진 꽃
• 두께가 적당하고 수분함량이 적은 꽃	• 두껍고 수분함량이 많은 꽃잎을 가진 꽃
• 황색, 오렌지색, 남색, 자색, 홍색 등의 꽃	• 꽃잎이 너무 얇은 꽃

6.1.5. 다육식물 오픈 테라리움 기르기

1) **활동목표**: 시각-운동 통합

색모래를 흘리지 않고 담는 과정에서 눈과 손의 협응력을 강화하여 시각과 운동의 통합 효과를 향상시킬 수 있다.

2) **재료**: 가시가 없는 다육식물(비모란), 색모래, 마사토, 용기, 일회용 숟가락

3) **활동단계**

① 숟가락을 이용해 색모래를 용기에 넣는다.

② 화분을 주물러서 다육식물을 빼낸다.

③ ①의 용기에 ②를 넣는다.

④ 빈틈이 없도록 ③을 꼭꼭 눌러준다.

⑤ ④의 윗부분에 마사토를 깔아준다.

4) **활동중재**

① 다육식물의 잎은 저수조직이 발달하여 물을 자주 주지 않아도 되므로 관리가 쉽습니다.

② 건조하고 척박한 토양에서도 잘 자라는 강인한 생명력을 느껴 보았으면 좋겠습니다.

 알아두세요

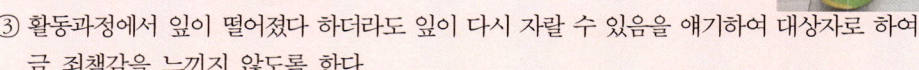

① 다육식물의 떨어진 하나의 잎을 용기 위에 올려 놓으면 뿌리가 내린다. 떨어진 잎을 바로 흙에 꽂으면 잎이 썩기 쉬우므로 5~7일 정도 화분 위에 올려놓아 잎 표면이 살짝 마른 후에 흙에 꽂아놓도록 한다.
② 뇌졸중, 정신장애 등 소근육의 조절이 힘든 경우에는 잎이 잘 떨어지지 않는 다육식물을 선택하도록 한다.
③ 활동과정에서 잎이 떨어졌다 하더라도 잎이 다시 자랄 수 있음을 얘기하여 대상자로 하여금 죄책감을 느끼지 않도록 한다.
④ 다육식물을 관엽식물로도 대체할 수 있다.

6.1.6. 아이비 유인하여 기르기

1) **활동목표**: 대근육 협응, 근력 증진, 시각-운동통합

와이어를 이용해 여러 가지 모양을 만들게 함으로써 팔과 손의 악력 및 근육을 조절할 수 있으며 와이어에 식물을 유인하여 묶으면서 시각 통합의 효과를 향상할 수 있다.

2) **재료**: 덩굴식물(아이비, 트리안, 마삭줄, 푸미라), 분재용 철사, 고정용 철사, 가위

3) **활동단계**
① 분재용 철사를 이용해 원하는 모양을 만든다.
② ①을 화분에 고정한다.
③ 식물을 만들어 둔 철사의 모양대로 유인하도록 한다.
④ 중간 중간 고정용 철사로 묶어 주며 식물을 고정시킨다.
⑤ 전체적으로 원하는 모양이 나오도록 모양 틀에서 벗어난 줄기는 잘라주도록 한다.

4) 활동중재

① 덩굴줄기가 지주를 붙잡고 올라가는 것처럼 우리도 누군가에게 지주가 되어 주었으면 좋겠습니다.

② 분재철사 모양이 맘에 들지 않으면 다시 펴서 만들 수 있으니 여러 가지 모양을 만들어보도록 하세요.

① 한 달 정도 식물을 기르면서 식물에 대한 관심을 갖도록 한 후 분갈이를 해주도록 하면 식물에 대한 관심을 더욱 갖게 된다.

② 급성 정신장애 및 중증 치매의 경우, 철사 사용 및 보관할 때 위험할 수 있으므로 주의하거나 제외하도록 한다.

6.1.7. 속새(마디초)를 이용한 꽃병 만들기

1) 활동목표: 소근육 협응, 지구력, 시각-운동통합

마디초를 연결하면서 소근육 협응과 지구력이 향상되고 눈과 손의 협응력을 강화할 수 있다.

2) 재료: 마디초 1단, 유리병(180ml 주스병), 라피아, 거베라, 철사(23호), 가위

3) 활동단계

① 마디초를 유리병보다 2~3cm 긴 길이로 자른다.

② 마디초의 아랫부분과 윗부분에 가로방향으로 철사를 끼운다.

③ ②를 유리병에 감싼다.

④ ③의 아랫부분을 라피아로 묶는다.

⑤ ④에 물을 넣고 거베라 한 송이를 꽂는다.

4) 활동중재

① 흔한 유리병의 새로운 변신은 어떤 느낌일지 한번 해보도록 합시다.

② 꽃병을 만들어서 항상 꽃을 가까이하면 좋을 것 같은데 풍성한 꽃도 예쁘지만 한 송이 꽃도 아름답다는 것이 느껴지시나요?

 알아두세요

① 마디초는 말라도 많이 변하지 않는 특성이 있다.
② 거베라 대신 장미, 백합과 같이 한 송이를 꽂을 수 있는 꽃으로 대체할 수 있다.
③ 급성 정신장애와 중증 치매환자는 유리병 대신 깨지지 않는 캔이나 플라스틱병으로 대체하여 사용에 주의하도록 한다.

✓ 활동 후

마디초는 속이 비어 있어서 철사가 잘 끼워지고 자주 배회를 하시던 치매 어르신께서도 집중하시며 완성하셨다.

데이케어센터에서는 각자 만든 꽃병을 한곳에 모아 진열해 놓았더니 더욱 멋진 느낌이었다.

6.1.8. 꽃잎 손수건 만들기

1) **활동목표**: 소근육 협응, 지구력, 시각-운동통합

꽃잎을 두드리면서 소근육 협응과 지구력이 향상되고 눈과 손의 협응력을 강화할 수 있다.

2) **재료**: 가제 손수건, 메리골드, 고무망치

3) **활동단계**

① 손수건을 반으로 접는다.

② ①의 한쪽 면에 메리골드 꽃잎과 잎사귀를 한 장씩 뜯어 원하는 모양대로 놓는다.

③ ②의 반을 손수건으로 덮는다.

④ 고무망치로 ③의 꽃물이 배어 나도록 가볍게 두드린다.

⑤ ④를 펼쳐 꽃잎을 뜯어낸다.

4) **활동중재**

① 꽃향기가 솔솔 날 것 같은 손수건을 만들어볼까요?

② 평소에 자세히 살펴보지 못했던 잎의 모양을 살펴보도록 할까요?

① 손수건으로 사용하려면 백반 물에 담가 매염처리를 하여야 한다.

② 손수건으로 사용하기보다는 테이블 유리 아래 넣어 두거나 액자로 만들어 두는 것이 더 좋다.

③ 장미나 다른 붉은색 꽃들은 손수건에 붉은색이 우러나오지 않으나 메리골드는 노란색이 잘 우러나며 시간이 지나도 색이 변하지 않는다.

④ 주변에 있는 물기를 많이 머금고 있는 부드러운 풀이나 연한 파키라 잎 또한 모양과 색이 잘 나타난다.

⑤ 급성 정신장애 환자와 중증 치매환자는 두드리는 도구 사용에 주의하여야 한다.

6.1.9. 코르사주 만들기

1) **활동목표**: 미세근육 및 숙련도 증가, 눈과 시각 협응력 증대

꽃이 부러지지 않도록 힘을 조절할 수 있으며 작업과정을 기억할 수 있다.

2) 재료: 호접란, 노무라, 플로랄테이프, 지철사(또는 가는 철사 23번), 리본, 옷핀, 가위

3) 활동단계

① 호접란 밑부분에 +모양으로 철사 두 개를 끼운다.

② 노무라에 철사를 U자형으로 끼운다.

③ ①과 ②를 각각 플로랄테이프로 감는다.

④ ③의 완성된 호접란과 노무라를 어울리도록 묶고 플로랄테이프로 감는다.
⑤ 옷핀을 대고 다시 플로랄테이프로 감은 후 리본을 매단다.

4) 활동중재

① 코르사주를 달아본 적이 있나요?
② 어떤 날에 코르사주를 달까요?
③ 가장 달아주고 싶은 사람은 누구인가요?

 알아두세요

① 호접란 대신 장미나 거베라를 이용할 수 있다.
② 절화 대신 조화를 이용하여 조화 코르사주를 만들어볼 수 있다.
③ 코르사주를 만들어 가슴에 다는 것 외에 손목이나 머리에 달아 색다른 느낌을 느껴볼 수 있다.
④ 개인별로 만든 여러 개의 코르사주를 모아 화관이나 꽃목걸이를 만들어 볼 수 있다.

6.1.10. 홀리페페로미아 벽걸이 액자 만들기

1) 활동목표: 단기 기억력 향상, 순서의 기억

2) 재료: 홀리페페로미아, 수태, 액자, 치킨망, 배수판

3) 활동단계

① 치킨망을 액자 크기보다 3cm 정도 여유있게 자른다.

② 미리 물에 적셔 놓은 수태를 ①의 치킨망에 액자 크기만 하게 펼친다.

③ 치킨망 아랫부분의 1/3 정도에 홀리페페로미아를 심을 수 있도록 가위집을 낸다.

④ ③을 액자에 넣고 배수판망을 뒤에 대고 고정한다.

⑤ ③의 가위집에 홀리페페로미아를 넣고 치킨망을 펴서 식물을 고정하도록 한다.

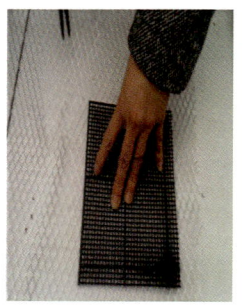 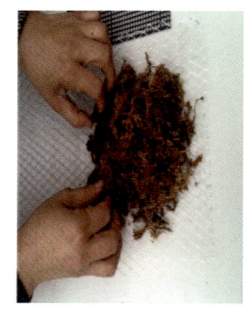  

4) 활동중재

① 식물을 액자에서 기른다면 어떤 느낌이 느껴질까요?

5) 관리방법

① 수태가 마르지 않도록 분무를 자주 해 준다(수태 겉만 젖을 정도로 주지 말고 식물 뿌리까지 젖을 정도로 주어야 한다).

② 수태가 젖어 있는 경우가 많아 벽지가 젖을 수 있으므로 주의해야 한다.

 알아두세요

① 액자틀은 재활용 액자를 이용해도 좋다.

② 액자틀 대신 말채 나무나 눈느티나무 등과 같은 나무 줄기를 엮어 틀을 짜도 좋다.

③ 식물은 건조에 강한 것이 좋다. 하지만 다육식물은 건조에 강하긴 하지만 작은 잎이 많은
식물은 작업활동 과정에서 쉽게 잎이 떨어질 수 있으므로 주의해야 한다.

6.2. 지각·인지적 강화를 위한 원예작업 프로그램

6.2.1. 행운목 수경재배

1) **활동목표**: 단기 기억력 향상, 순서의 기억

작업순서를 기억할 수 있으며, 전체에 대한 부분의 개념을 이해할 수 있다.

2) **재료**: 색돌(3색), 흰 자갈, 행운목, 용기, 숟가락

3) **활동단계**

① 행운목의 모양을 관찰한다.

② 작업 순서를 설명하여 기억하도록 한다.

③ 전체 용기의 1/3을 숟가락을 이용해 흰 자갈로 채운다.

④ ①에 행운목을 넣는다.

⑤ 용기의 2/3까지 색돌을 이용해 심는다.

4) 활동중재

① 수경재배는 흙을 이용하지 않고 물을 이용해 재배하는 방법입니다.

② 식물이 자라는 데 필요한 것은 무엇이 있을까요?

③ 흙 대신 물로 기르면 어떤 좋은 점이 있을까요?

④ 행운목은 행운을 가져다주는 나무라는 뜻인데 어떤 행운이 오면 좋을까요?

5) 관리방법

① 해가 직접 닿은 곳에 두면 용기에 이끼가 끼게 되므로 해가 직접 닿지 않는 곳에
   놓아둔다.

② 물을 자주 갈아주기보다는 물을 넣을 때 넘치도록 주어 먼지가 떠내려가도록 하면
   매번 물을 갈아주는 번거로움을 줄일 수 있다.

① 행운목 대신 개운죽을 이용할 수 있다.
② 활동 후 일주일 동안 어떤 행운이 왔었는지 생각해 보도록 한다.

6.2.2. 손바닥 정원 만들기

1) **활동목표**: 전경배경, 공간인지, 깊이 지각, 순서의 기억

식물의 심을 자리를 배치하며 전경배경과 공간인지가 촉진되고 깊이를 지각하고 정원을 만드는 순서를 기억하게 한다.

2) **재료**: 식물(테이블야자, 아이비, 자금우, 칼랑코에), 배양토, 장식, 돌, 팻말, 네임펜, 미니삽, 용기

3) 활동단계

① 각 식물의 특징을 살피고 식물의 특징에 맞게 심은 장소를 생각해보도록 한다.

② 용기에 배양토를 넣는다.

③ 포트를 주물러서 식물이 포트에서 잘 빠지도록 한다.

④ 식물을 꺼내서 원하는 위치에 배양토를 이용해 심는다.

⑤ 이끼 또는 마사토를 이용해 배양토를 덮고 정원의 이름을 짓는다.

4) 활동중재

① 정원을 이루고 있는 것은 어떤 것이 있을까요?

큰 나무, 작은 나무, 잔디, 꽃, 바위, 곤충 등 아주 많지요.

② 식물의 뿌리가 다치면 식물이 잘 자랄 수 없으니 뿌리가 다치지 않도록 조심해야겠
지요.

알아두세요

① 손바닥 정원 식물의 선택
 - 생육습성이 비슷한 식물끼리 모아 심는 것이 좋다.
 - 대부분 실내 관엽식물이지만 시각적인 효과를 더 얻기 위해서는 칼랑코에와 같은 꽃이
   피는 식물, 또는 핑크스타처럼 잎에 색이 들어가 있는 식물을 같이 심는 것이 좋다.
② 장식돌 대신 숯을 이용할 수 있으며 장식 새나 곤충 등을 올려놓으면 더욱더 흥미로워진다.

1) 활동목표: 다양한 재배 환경의 이해

토양 이외에도 식물이 자랄 수 있는 다양한 방법이 있음을 이해
한다.

2) 재료: 싱고니움, 하이드로 볼, 용기, 대야

3) 활동단계

① 포트를 주물러서 싱고니움의 뿌리가 상하지 않도록 꺼낸다.

② 뿌리에 묻어 있는 흙을 깨끗이 털어낸다.

③ 흙이 남아 있지 않도록 깨끗이 씻는다.

④ 하이드로 볼을 이용해 용기에 ③을 심는다.

⑤ 물을 넣는다.

4) 활동중재

① 수경재배와 하이드로 볼은 어떤 차이가 있을까요?

② 하이드로 볼을 진흙을 구워서 만든 것으로 양분 공급도 된답니다.

③ 하이드로 볼에 물을 넣을 때 무슨 소리가 나는지 들어 볼까요?

알아두세요

① 하이드로 볼: 점토와 물을 혼합해 1,200℃의 고온에서 구워 다공질로 만든 재료로 가볍다. 하이드로 볼은 흙에 비해 공극이 커서 산소가 뿌리에 원활히 공급이 되며 통기·보습성이 좋아 식물에 적정량의 수분과 산소를 공급하고 뿌리로부터 발생하는 배설물을 흡착해 부패를 방지하여 반영구적으로 식물을 싱싱하고 푸르게 키울 수 있다.

6.2.4. 포인세티아 심기

1) **활동목표**: 지남력 향상, 공간관계, 개념형성, 기억과 학습
크리스마스 꽃인 포인세티아를 보며 겨울이 오고 있음을 느낄 수 있다.

2) **재료**: 포인세티아, 화분, 이끼, 배양토, 머메이드지, 네임펜

3) **활동단계**
① 포인세티아 잎의 모양을 머메이드지에 그린다.
② 잎을 오려 포인세티아 식물 이름을 써서 외워보도록 한다.
③ 포인세티아 화분을 주물러서 쉽게 포인세티아를 꺼낼 수 있도록 한다.
④ 화분 1/3에 배양토를 넣는다.
⑤ ④의 화분에 옮겨심고 이끼로 덮어준다.

4) 활동중재

① 겨울의 느낌은 어떤 것일까요?

② 잎의 색이 왜 다를까요?

③ '크리스마스 꽃'이라고 하는 이유는 무엇일까요?

5) 관리방법

포인세티아는 해의 길이가 짧아지고 온도가 내려가면 포엽이 아름답게 물들게 된다. 우리가 흔히 꽃이라고 생각하는 부분은 꽃이 아니라 잎사귀(포엽)이고 포엽 가운데 부분이 꽃이다. 크리스마스 시즌에 개화하는 특성 때문에 크리스마스 꽃이라고도 한다.

포인세티아는 삽목으로 번식하는 경우가 많으므로 옮겨 심을 때 뿌리가 완전히 내렸는지 확인해 본 후에 실시하도록 한다.

또한 해의 길이가 짧을 때 포엽이 빨갛게 물들어 보기 좋은데 가정이나 사무실 같은 곳에서 오랜 시간(밤늦도록) 빛을 받게 되면 포엽이 빨간색에서 초록색으로 변하게 되므로 빛을 너무 오랫동안 받지 않도록 한다.

그리고 겨울에 실내에서 기르게 되면 난방으로 인해 실내가 많이 건조해지는데 이런 경우는 포인세티아 잎이 떨어지게 되므로 주의해야 한다.

6.2.5. 꽃가지를 이용한 봄 꽃꽂이

1) **활동목표**: 지남력, 순서의 기억, 깊이 지각, 왼쪽-오른쪽 구별

봄을 연상할 수 있는 소재들을 이용해 봄으로써 계절감을 느끼고 설명 순서를 기억하도록 한다.

2) **재료**: 화기(화병), 봄에 볼 수 있는 꽃나무 가지소재(개나리, 고수버들, 목련, 산수유, 산당화 등), 튤립, 유스커스, 프리지어, 스프레이카네이션, 편백, 플로랄폼

3) **활동단계**

① 화병인 경우 2/3 정도 물을 넣는다.

② 각각 꽃나무의 이름을 알아본다.

③ 꽃나무 소재의 특성에 맞게 화병에 자연스럽게 꽂는다.

④ 튤립을 적절히 섞어 꽂는다.

⑤ 꽃나무 가지 사이사이에 유스커스를 꽂는다.

4) 활동중재

① 이 꽃나무의 이름은 무엇일까요?(꽃이 피면 쉽게 알 수 있는 것으로 선택하는 것이 좋다.)

② 이 꽃나무는 어느 계절에 피는 꽃일까요?

알아두세요

① 개나리, 고수버들, 목련, 산당화, 동백, 산수유 등의 나뭇가지는 꽃시장에서 미리 2월부터 구입할 수 있으므로 입춘 전후에 활동하면 좋을 듯하다.

② 대상자가 보편적으로 알 수 있는 소재를 선택하여 친근한 느낌이 들도록 한다.

③ 꽃가지를 이용할 경우에는 플로랄폼을 이용하지 않고 화병에 꽂는 것이 더 좋을 듯하다. 이때 화병은 입구가 너무 넓지 않는 것이 좋다.

④ 꽃가지가 제대로 서지 않을 경우 와이어를 구겨 넣거나 오아시스망을 구겨서 넣으면 꽃가지가 제대로 지지할 수 있어 모양을 내기 쉽다.

6.2.6. 물이 보이는 여름 꽃꽂이

1) **활동목표**: 지남력, 기억, 일반화, 활동의 시작과 종료

여름을 연상할 수 있는 소재들을 이용해 봄으로써 계절감을 느끼고 설명 순서를 기억하도록 한다.

2) **재료**: 화기, 흰 조약돌(굵은 것), 여름에 볼 수 있는 꽃 소재(연밥, 과꽃, 망개), 잎 소재(노무라, 유스커스)

3) **활동단계**

① 플로랄폼을 1/3 정도 잘라 물이 스며들도록 충분히 적신다.

② 화기의 한쪽에 플로랄폼을 놓는다.

③ 꽃 소재와 잎 소재를 적절히 섞어 꽂는다.

④ 화기의 나머지 한쪽에는 굵은 조약돌을 놓는다.

⑤ 화기에 물을 붓는다.

4) **활동중재**

① 여름의 느낌은 어떤 것일까요?

② 여름 하면 떠오르는 것에 대해 이야기 나누어 볼까요?

③ 여름에는 날씨가 더우니까 물이 보이면 참 좋겠지요?

① 7월은 연꽃이 피는 시기이다. 연못에 연꽃이 떠 있는 느낌처럼 화기 전체를 꽃으로 덮지 않고 한쪽만 꽃을 꽂고 나머지 부분은 물이 보이도록 꽂으면 시원한 느낌을 얻을 수 있다.

6.2.7. 열매를 이용한 가을 꽃꽂이

1) **활동목표:**: 지남력, 순서의 기억

가을을 연상할 수 있는 소재들을 이용해 봄으로써 계절감을 느끼고 설명 순서를 기억하도록 한다.

2) **재료:** 조, 수수, 옥수수, 노박덩굴(까치밥), 화초고추, 소국, 화기, 플로랄폼

3) **활동단계**

① 각 소재들의 특징과 느낌을 살펴본다.

② 키가 큰 소재들은 뒤쪽에 꽂는다(수수, 옥수수).

③ 중간 크기 소재들을 꽂는다(조, 화초고추).

④ 소국을 꽂는다.

⑤ 까치밥의 곡선을 잘 살려 꽂는다.

4) 활동중재

① 가을의 느낌은 어떠한가요?

② 가을은 풍성한 계절입니다.

③ 옥수수, 고추도 멋진 소재가 될 수 있군요.

 알아두세요

① 허수아비, 고추잠자리 모형들을 완성된 작품에 꽂아주어도 좋다.

6.2.8. 눈나무를 이용한 겨울 꽃꽂이

1) 활동목표: 지남력, 순서의 기억

겨울을 연상할 수 있는 소재들을 이용해 봄으로써 계절감을 느끼고 설명 순서를 기억하도록 한다.

2) 재료: 눈 느티나무, 편백, 크리스마스 볼, 플라스틱 컵(재활용품), 부직포, 플로랄폼

3) 활동단계

① 플로랄폼을 화기에 맞게 잘라 물을 흡수시킨 후 용기에 넣는다.

② 눈 느티나무를 화기의 2배 높이로 잘라 꽂는다.

③ ②의 여백 공간에 편백을 꽂는다.

④ 눈 느티나무 줄기에 크리스마스 볼을 매단다.

⑤ 부직포를 이용해 화기를 포장하도록 한다.

4) 활동중재

① 하얀 눈이 왔네요.

② 겨울이 되면 생각나는 것은 어떤 것이 있을까요?

① 작은 플라스틱 컵 대신 큰 화기를 이용하여 그룹 작업으로 진행할 수 있다.

② 크리스마스 트리 장식 대신 이용할 수 있다.

③ 편백이나 눈 느티나무는 변하지 않으므로 12월 초에 활동해서 12월 한 달 동안 감상할 수 있도록 한다.

6.2.9. 물주머니 꽃싸기

1) 활동목표: 문제해결능력 및 생활응용력 향상

OPP비닐을 이용해 꽃병을 만들어 봄으로써 생활응용력이 향상
될 수 있다.

2) 재료: 백합(소르본), 유스커스, OPP, 리본, 빵끈

3) 활동단계

① 백합(소르본)의 향기를 맡아 본다.

② 옆의 동료와 짝을 이루도록 한다.

③ OPP비닐 가운데 짝의 주먹을 넣고 비닐을 감싼 후 손목 부위에 고무줄을 끼워 주머
   니를 만들고 주먹을 빼낸다.

④ ③의 주머니에 물이 흐르지 않도록 조심스럽게 넣는다(물이 충분히 들어가면 주머
   니가 힘이 생겨 넘어지지 않는다).

⑤ 꽃을 적당한 길이로 잘라 꽂은 후 다시 한 번 물이 새지 않도록 묶어 준다.

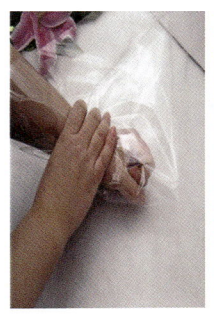 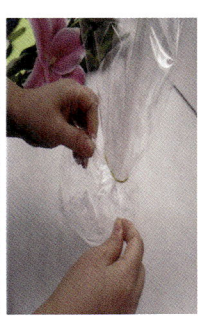   

4) 활동중재

① 예쁜 꽃들을 골랐네요. 꽃이 있는데 꽃병이 없네요. 어떤 방법이 있을까요?

② 병문안이나 이웃방문 때에 선물하면 참 좋을 것 같지요?

알아두세요

① 물주머니 꽃싸기에서의 꽃은 작은 꽃보다는 화형이 큰 꽃이 더 좋다(거베라, 장미, 해바라기, 시베리아, 르네브 등).
② 물에 원하는 색의 물감을 넣을 수 있으며 이때 물감은 식용색소를 이용할 수 있다.
③ 물 안에 부직포를 잘라 넣거나 조약돌, 구슬을 넣어 장식할 수 있다.

6.2.10. 낙엽 말려서 낙엽발 만들기

1) **활동목표**: 지남력, 일반화, 시각완성, 왼쪽 – 오른쪽 구별
낙엽을 이용함으로써 가을을 느낄 수 있고 주변을 장식할 수 있도록 한다.

2) **재료**: 공원에서 직접 주워서 말린 낙엽, 낚싯줄, 스카치테이프, 코팅기, 가위

3) **활동단계**
① 공원이나 화단에 나가서 낙엽을 주워 책갈피에 넣어 말려 놓는다(활동 2주 전).
② 잘 마른 낙엽을 코팅한다.
③ ②를 낙엽보다는 1cm가량 더 크게 모양대로 오린다.
④ ③의 낙엽 뒷면에 낚싯줄을 스카치테이프로 붙인다.
⑤ 각각 만든 낙엽발을 창가에 걸어놓는다.

4) 활동중재

① 각각의 나뭇잎의 특징을 살펴볼까요? 무심코 지나갔으면 보지 못했을 텐데 가까이 보니 각기 다른 특징이 있는 게 느껴지죠?

② 하나의 낙엽이라도 같은 색으로 물들지 않고 조금씩 다른 걸 보니 참 신기하고 예쁘네요.

알아두세요

① 코팅기가 없다면 낙엽 뒷면에 투명 매니큐어를 바르기도 한다.

② 단풍은 왜 들까? 날씨가 추워지면 추위에 약한 엽록소가 물러나고 색소들이 그 자리를 차지하게 되어 붉게, 노랗게 보이는 것이다.

6.3. 심리·사회적·정서적 기술향상을 위한 원예작업 프로그램

6.3.1. 꽃바구니 선물하기

1) **활동목표**: 흥미, 가치, 대인관계 향상

꽃바구니를 꽂아 마음을 전할 수 있도록 하여 대인관계를 향상시킬 수 있다.

2) **재료**: 소국, 유스커스, 플로랄폼, 용기

3) **활동단계**

① 플로랄폼을 누르지 않고 충분히 물을 스며들 수 있도록 한다.

② 바구니에 폼을 넣는다.

③ 꽃의 줄기를 사선으로 잘라 용기에 꽂는다.

④ 꽃의 사이에 안개와 유스커스를 꽂는다.

⑤ 리본으로 장식한다.

4) 활동중재

① 예쁜 꽃을 보면 생각나는 사람이 있나요?

② 꽃을 보면 생각나는 사람에게 마음을 전하는 카드를 작성하여 볼까요?

① 절화의 가격은 계절별로 차이가 많이 나므로 미리 가격의 동향을 알아두도록 한다(3월: 프리지어, 6월: 장미, 10월: 국화가 가장 저렴하다).

② 다른 사람에게 선물할 수도 있고 자신에게 칭찬카드를 써서 선물할 수도 있다.

③ 1회용 용기를 이용할 경우에는 부직포를 잘라 포장하도록 한다.

✔ 활동 후

우울증이 있는 여성에게 자기 자신에게 칭찬카드를 써서 선물하도록 하였다. 자신에게 칭찬을 한 적이 없었다며 앞으로 자신을 더 귀하게 여기고 싶다고 하셨다.

6.3.2. 협동 꽃꽂이

1) 활동목표: 사회적 역할 수행, 대인관계 기술 및 자기조절 능력, 협동심 향상
개별활동 후 모아서 더 큰 활동이 되도록 함으로써 협동심이 향상되며 긍정적인 경험을 갖도록 한다.

2) 재료: 플로랄폼, 장미(또는 미니장미), 작은 개인 화기(접시), 가위, 큰 화기

3) 활동단계
① 플로랄폼 4장을 펼쳐 정사각형을 만든 후 하트 모양대로 자른다.
② 하트 모양을 참여인원 수대로 나눈다(플로랄폼 위치를 잘 기억하도록 플로랄폼 옆에 숫자를 적어 놓는다).
③ 장미를 같은 길이로 잘라 꽂는다.
④ 각자 꽂은 장미꽃을 순서대로 갖다 놓는다.
⑤ 전체 부분을 리본 또는 스마일락스로 감싼다.

4) 활동중재
① 개별로 만든 작품도 멋지지만 한곳에 다 모으면 어떤 모양이 될까요?
② 함께하면 더 멋진 작품을 만들 수 있겠지요?

알아두세요

① 굳이 하트로 하지 않더라도 각자 꽂은 작은 꽃이 모이면 하나의 큰 작품이 될 수 있다는 것을 느끼도록 한다.

6.3.3. 잔디인형 만들기

1) **활동목표**: 자아개념, 가치, 자기표현의 기술 향상
나를 표현할 수 있는 인형을 만들어 봄으로써 자기의 마음을 표현할 수 있도록 한다.

2) **재료**: 잔디 씨앗, 질석, 스타킹, 눈·코 모형, 모루,
받침, 글루건

3) **활동단계**
① 질석을 스타킹 안에 주먹만큼 담는다.
② ①의 윗부분에 겹치지 않을 정도로 씨앗을 뿌린다(씨앗이 자라면 머리카락이 되므로 씨앗을 뿌릴 위치를 정한다).
③ ②를 묶는다.
④ 눈·코 모형과 모루로 장식한다.
⑤ 물이 담긴 대야에 잔디인형을 6시간 정도 담가 놓은 후 받침에 올려놓는다.

4) 활동중재

① 어떤 얼굴이 예쁜 얼굴일까요? 웃는 얼굴이 제일 예쁘지요.

② 예쁜 인형이 완성되었으니 이름을 지어 줄까요?

 알아두세요

① 스타킹의 묶는 부분이 보기 싫다면 먼저 씨앗을 넣고 질석을 넣고 묶을 수도 있는데 이때는 씨앗이 질석과 많이 섞일 수 있으므로 주의를 해야 하므로 대상자의 특성에 따라 순서를 정하는 것이 좋다.

② 분무기로 물을 주도록 하는 경우에는 손의 악력을 강화시키고 흥미로움을 줄 수도 있으나 겉표면에만 물이 적시도록 주는 경우가 많으므로 물을 충분히 주도록 많이 분무하도록 한다.

6.3.4. 모스 볼 토피어리

1) **활동목표**: 자기표현의 기술 향상

나를 표현할 수 있는 인형을 만들어 봄으로써 자기의 마음을 표현할 수 있도록 한다.

2) **재료**: 테이블야자, 수태, 낚싯줄, 눈·코 모형, 컬러
와이어, 비닐, 받침

3) 활동단계

① 수태를 30분 전에 미리 불려 놓는다.

② 불린 수태를 비닐 위에 골고루 펼친다.

③ 포트에서 꺼낸 테이블야자를 ②의 가운데에 놓는다.

④ ③을 동그랗게 감싼 후 낚싯줄로 대각선, 상하 방향으로 단단하게 감는다.

⑤ 눈·코 모형과 귀를 꽂는다.

4) 활동중재

① 내가 좋아하는 사람은 누구인가요? 그리고 그 사람의 어떤 점이 좋은가요?

② 좋아하는 사람과 마음의 이야기를 나눌 수 있다면 정말 좋겠지요.

알아두세요

① 분무기로 물을 주면 흙 깊은 곳까지 물을 적시기 힘드므로 물에 2~3분 정도 담가 두었다가 꺼내놓은 것이 더 좋은 관리방법이다. 수태가 말랐다고 해서 뿌리까지 말랐다고 할 수 없으므로 토피어리를 들어 보아 가벼운 느낌이 들 때 물을 주도록 한다.
② 수태가 젖은 상태이기 때문에 햇빛이 직접 닿은 곳에 놓아두면 수태에 초록색 이끼가 생기게 되므로 햇빛이 직접 닿지 않은 곳에 둔다.

6.3.5. 꽃다발 만들기

1) **활동목표**: 자존감 및 자신감 증대, 긍정적 경험 증가

자신에게 다가올 좋은 일에 대해 기대감을 갖게 하고 자신을 칭찬할 수 있는 기회를 갖게 되어 자존감을 향상시킬 수 있다.

2) **재료**: 카네이션, 장미, 거베라, 프리지어, 엽란, 철사

3) **활동단계**
① 각 꽃의 상처 난 꽃잎을 떼어낸다.
② 각 꽃의 잎을 1/3 정도 남겨 놓고 떼어낸다.
③ 엽란을 동그랗게 말아 중철심(스테이플러)으로 고정한다.
④ 여러 가지 꽃을 둥근 원형이 되도록 만든다.
⑤ ④의 꽃에 ③의 엽란으로 둘러서 묶고 아랫부분도 엽란으로 감싼다.

4) 활동중재

① 꽃다발을 받아본 경험이 있나요?

② 미래의 내가 꽃다발을 받게 된다면 어떤 일로 받게 될까요?

① 받은 꽃다발을 오래 두고 보고 싶다면
- 포장지를 풀고 꽃을 풀어 꽃들을 느슨하게 해준다.
- 시들거나 상처가 난 꽃은 꽃잎을 떼어 내도록 한다.
- 물에 꽂기 전에 줄기를 사선으로 잘라주어 꽃이 물을 흡수할 수 있는 면적을 넓혀 준다.

6.3.6. 한 송이 꽃 포장하기

1) **활동목표**: 타인에 대한 인식 및 교류 증대, 긍정적 경험 증가

타인에게 자신의 감정을 표현할 수 있는 기회를 제공하여 교류를 증대할 수 있다.

2) **재료**: 해바라기, 리본(중), 컬링리본, 워터픽, 플로랄테이프

3) **활동단계**

① 해바라기 잎은 쉽게 마르므로 잎을 제거한다.

② 워터픽에 물을 넣어 해바라기 아래 줄기에 꽂는다.

③ 중간 크기의 리본으로 해바라기 줄기를 감고 테이프로 고정한다.

④ 컬링리본으로 여러 겹의 리본을 만든다.

⑤ ④의 리본을 ③에 해바라기에 매단다.

4) 활동중재

① 완성된 꽃을 보니 누구에게 선물하고 싶은가요? 아름다운 것을 보고 어떤 사람이 떠올랐다면 참 행복한 사람입니다.

② 그 사람에게 어떤 말을 하면서 이 꽃을 전해주고 싶은가요?

① 해바라기 대신 장미를 이용할 수 있다.

6.3.7. 새싹채소 기르기

1) **활동목표**: 양육감, 자존감 및 자신감 증대
생육이 빠른 새싹을 길러 봄으로써 자존감 및 양육감이 증대될 수 있다.

2) **재료**: 새싹 재배용기, 가제, 새싹 씨앗, 분무기, 라벨용지, 네임펜

3) **활동단계**
① 재배용기에 작은 새싹 씨앗이 빠지지 않도록 가제를 깐다.
② 새싹 씨앗이 겹치지 않도록 새싹 씨앗을 놓는다.
③ 분무기로 물을 충분히 준다.
④ 뚜껑을 덮는다.
⑤ 새싹에게 희망의 문구를 작성하여 붙인다.

4) **활동중재**
① 새싹 씨앗은 일주일 안에 수확이 되기 때문에 종자소독을 하지 않은 새싹 전용씨앗
으로 키워야 한답니다.
② 씨앗도 우리의 말을 들을 수 있을까요?
좋은 말을 들으면 씨앗도 더 자랄 수 있다고 하니 물을 줄 때마다 씨앗에게 좋은
희망의 말을 해주도록 합시다.

① 새싹 씨앗을 5~6시간 정도 충분히 불려서 사용해야 한다. 하지만 불린 씨앗은 손에 잘 묻어 활동하기 어려울 수도 있으므로 주의해야 한다. 씨앗을 불리지 않는다면, 마른 씨앗을 재배용기에 넣고 첫날은 씨앗을 놓은 받침대 높이까지 물을 부어 놓고 5~6시간 지난 후 물을 버리면 된다.

② 씨앗은 직사광선이 비치지 않은 곳에 놔둔다.

③ 물은 수시로 분무하도록 한다.

④ 씨앗이 물에 항상 담겨 있지 않도록 해야 한다.

⑤ 일주일 안에 수확하도록 한다.

⑥ 온도가 높은 여름에는 쉽게 상할 수 있고 데이케어센터나 복지관 같은 곳은 한낮에는 난방을 하지만 밤이나 주말에는 난방을 하지 않으므로 겨울에도 활동을 피하는 것이 좋다.

⑦ 재배용기 대신 화분 받침을 이용할 수도 있으나 뚜껑이 있으면 수분손실을 막기 때문에 손쉽게 재배할 수 있다.

6.3.8. 압화 이름표 만들기

1) **활동목표**: 자존감 및 자신감 향상, 긍정적 경험 증가

자신의 이름을 아름답게 꾸며봄으로써 자신의 이름에 대한 애착을 갖도록 하여 자존감이 향상되도록 한다.

2) **재료**: 압화(누름꽃), 명찰 케이스, 오공본드, 머메이드지, 시트지

3) 활동단계

① 자신의 이름을 머메이드지에 적는다.

② 압화를 이용해 꾸며 보도록 한다.

③ 구성이 확정되면 오공본드로 압화를 붙인다.

④ ③이 마르면 시트지를 붙인다.

⑤ 명찰케이스에 넣는다.

4) 활동중재

① 부모님께서 이름을 지어 주셨을 때 어떤 의미로 지어 주셨나요?

① 이름 대신 탄생화를 적어 이름표를 꾸밀 수 있다. 탄생화로 부르게 되면 활동시간에 더욱 재미를 느낄 수 있다(대상자가 인지가 잘 안 된 경우는 피하는 것이 좋다).

② 탄생화가 흔하지 않은 꽃이라면 같은 품종이거나 같은 과 식물 중에서 흔히 볼 수 있는 꽃으로 대체하는 것이 더 친근할 수 있다. 미리 대상자의 생일을 파악하여 준비해가는 것이 좋으며 사진을 보여 주면 훨씬 더 관심을 갖게 된다(탄생화는 자료마다 조금씩 다르며 굳이 과학적 근거가 있는 것이 아니므로 활동의 재미를 더할 수 있는 정도로 이용할 수 있도록 한다).

③ 프로그램이 시작하는 첫 시간에 대상자의 특성을 파악할 수 있도록 자기소개 시간에 적용해 볼 수 있다.

✓ 활동 후

실제 우울증 예방프로그램 중에서 이름 대신 탄생화를 부르면(ex: 들꽃님, 로즈메리님, 꽃잔디님 등) 활동의 처음을 즐겁게 시작할 수 있었다.

6.4. 감각 자극 향상을 위한 원예작업 프로그램

6.4.1. 허브 미니정원 가꾸기

1) **활동목표**: 감각 자극

향이 강한 허브의 특성을 이용해 후각, 미각, 촉각을 자극하도록 한다.

2) **재료**: 허브(로즈메리, 라벤더, 스피어민트), 배양토, 울타리 화분(또는 원형화분), 라벨, 네임펜, 모종삽

3) **활동단계**
① 여러 가지 허브의 향을 느껴본다.
② 원형 화분(또는 울타리 화분)에 배양토를 1/4 정도 넣는다.
③ 허브를 포트에서 주물러 ②의 화분에 옮겨 심는다.
④ ③의 나머지 공간을 배양토로 채운다.
⑤ 하이드로 볼을 덮어준다.

4) 활동중재

① 여러 가지 허브가 있는데 모양도 다르고 향도 다르지요?

② 허브는 먹을 수 있는 식물인데 먹어본 적이 있나요?

 알아두세요

● 허브가 잘 자라는 환경

① 빛과 온도

- 햇빛이 잘 들고, 배수가 잘되며, 바람이 잘 통하는 장소
- 빛이 잘 드는 베란다나 창가와 같은 장소
- 11월 전후로 월동준비(다년생허브는 지상으로 나온 부분을 잘라내고 낙엽이나 비닐 등으로 지하부를 덮어 보온해 준다.)

② 물주기

- 물은 화분 밖으로 나올 정도로 충분히 주는 것이 좋으나 대부분의 허브는 건조한 환경을 좋아하므로 뿌리가 썩지 않도록 주의한다.
- 여름 장마철 관리가 중요하다. 실외 정원에서는 통풍과 배수에 주의하고, 실내의 허브는 장마기에 물주는 횟수를 줄이고 부족한 빛을 보충해 줘야 한다.
- 겨울철에는 물을 적게 주어 건조하게 키워야 추위에 강해진다.

③ 배양토

- 배양토는 물빠짐이 잘되는 통기성이 좋은 토양이다.
- 보수력이 좋은 토양이다.
- 허브는 약알칼리성 토양을 좋아한다. 석회성분을 함유한 계란껍데기, 조개껍데기를 섞어 주는 것도 좋다.

④ 비료: 다른 작물에 비해 비교적 적게 사용하여야 향과 맛이 좋은 허브를 재배할 수 있다.
- 실내에서 재배할 경우에는 액체 비료를 월 1~2회 주는 것이 좋다.
- 이식할 때 흙에 섞어 밑거름을 주었으면 추가로 시비할 필요는 없다.
- 여름철에는 비료를 주지 않는다.
⑤ 병해충
- 허브는 기온이 낮고 햇빛과 통풍이 부족할 경우 병해충에 걸리기 쉽기 때문에 주의한다.
- 프렌치 메리골드나 로즈메리 등은 살충효과가 있으므로 함께 심어 가꾸면 주위에 해충이 달라붙지 못하는 효과가 있다.

6.4.2. 허브비누 만들기

1) **활동목표**: 감각 자극 및 성취감 향상

다양한 모양을 만드는 과정을 통해 촉감을 자극하고 직접 만든 비누를 사용함으로써 성취감을 향상할 수 있다.

2) **재료**: 비누베이스, 아로마오일, 비커, 종이컵, 마른 허브 잎

3) **활동단계**

① 종이컵으로 원하는 모양을 만들도록 한다(종이컵은 비누액을 부어 비누틀로 이용하기 위한 것으로 시중에 판매하는 비누틀이나 쿠키틀을 이용할 수 있다).

② 비누베이스를 잘게 잘라 녹인다(전자레인지 용기에 넣어 2분 정도 녹여도 된다).

③ 다 녹여진 ②의 비누베이스에 아로마오일을 넣고 섞는다(비누베이스 1kg에 아로마오일 10ml을 넣는다).

④ ①의 종이컵으로 만든 비누틀에 ③을 반 정도 붓고 허브 잎을 넣고 살짝 굳을 때까지 기다린다(압화나 사진 등을 코팅해서 놓을 수도 있다).

⑤ 용기 나머지 부분까지 부어 굳힌다(비누베이스는 차가운 온도에서 쉽게 굳으므로 냉장고에 넣어두면 30분 내에 굳는다).

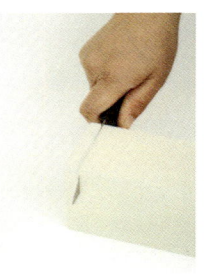

4) 활동중재

① 아로마테라피(향기치료)에 대해서 알고 있나요? 아로마오일은 허브에서 추출한 오일이랍니다.

② 아로마오일은 우리가 매일 쓰는 치약, 샴푸, 화장품, 껌 등 일상 속에서 아주 많이 이용되고 있답니다.

③ 우리가 기른 허브를 이용해서 만들어 보니 느낌이 어떤가요?

6.4.3. 허브식초 만들기

1) 활동목표: 미각, 후각 자극

허브의 향을 이용해 미각과 후각을 자극할 수 있다.

2) 재료: 허브, 식초(양조식초), 유리병(꼬마주스병 180ml), 코르크마개(뚜껑), 라피아(리본), 라벨, 네임펜, 키친타월

3) 활동단계

① 허브의 잎과 줄기를 자른다.

② 물로 씻은 후 키친타월로 물기를 닦는다.

③ 유리병에 허브를 2/3 정도 넣고 허브가 잠길 정도로 식초를 붓는다.

④ 마개를 덮고 라피아로 장식한다.

⑤ 허브식초에 맞는 상표를 만들어 본다.

4) 활동중재

① 유리병을 직접 준비해 오도록 하면 활동에 더 관심을 갖게 된다.

② 한 가지 허브보다는 여러 가지 허브를 섞으면 더 효과적이다.

③ 식초의 다양한 활용법에 대해 이야기를 나눈다.

5) 관리방법

① 허브 향이 잘 우러나도록 빛이 비치는 곳에 놓아두고 가끔 흔들어주도록 하며 2주 후부터 사용할 수 있다.

 알아두세요

① 식초 대신 올리브오일을 넣으면 허브오일이 된다.

6.4.4. 허브토스트 만들기

1) 활동목표: 감각 자극

허브의 향을 이용해 미각과 후각을 자극할 수 있다.

2) 재료: 허브(로즈메리, 민트), 버터, 가위, 식빵, 토스터기, 접시, 숟가락, 키친타월

3) 활동단계

① 허브를 씻어 물기를 닦는다.

② ①의 허브를 가위로 잘게 잘라 버터에 섞는다.

③ 식빵에 ②의 허브 버터를 바른다.

④ 예열해 놓은 토스터기에 2분 정도 굽는다.

⑤ 끓는 물에 허브 잎을 두세 개 넣어 허브차와 함께 먹는다.

4) 활동중재

① 허브를 먹어본 적이 있나요? 우리가 매일 먹는 마늘, 생강 등은 동양허브이고, 흔히 허브라고 부르는 식물들(라벤더, 로즈메리, 타임 등)은 서양허브랍니다. 허브는 먹는 식물이라고 했는데 우리도 한번 먹어 볼까요?

 알아두세요

① 직접 수확하여 요리하는 것은 식물을 기르는 것에 더욱 재미를 갖게 한다.
② 토스트기가 없다면 프라이팬에 구워도 된다.
③ 허브를 끓는 물에 우려 허브차와 함께 먹으면 더욱 좋다.

6.4.5. 향주머니 만들기

1) 활동목표: 후각 자극

포푸리 향을 이용해 후각을 자극할 수 있다.

2) 재료: 한지, 색한지, 포푸리, 풀, 지끈, 가위

3) 활동단계

① 한지를 가로로 반으로 접어 두껍도록 한다.

② ①의 한지를 세로로 반 접어 양쪽에 풀을 칠해 주머니를 만든다.

③ 색종이를 손으로 찢어 모양을 만들어 ②의 주머니를 꾸민다.

④ 지끈을 풀어 놓는다.

⑤ ③의 주머니에 포푸리를 넣고 ④의 지끈을 이용해 묶는다.

4) 활동중재

① 꽃이 말라서 시들었다고 속상해하지 마세요. 마른 꽃에서도 좋은 향기가 난답니다.

 알아두세요

① 부직포를 이용해 바느질을 하도록 하면 매우 집중을 할 수 있다(바느질이 가능한 대상자인 경우).

② 포푸리 만들기
  - 직접 기른 허브를 잘라 그늘에 말린다.
  - 장미 꽃꽂이를 한 후, 다 핀 장미의 잎을 골고루 따서 그늘에서 말린다.
  - 마른 허브 또는 장미에 허브오일 또는 장미오일을 섞어서 일주일 동안 밀봉해 놓는다.

✔ 활동 후

정리 꽃꽂이를 한 이후, 참여자들이 꽃이 시들어가는 것을 속상해하며 안타까워했는데 시든 꽃을 잘 따서 말려 포푸리를 만드니 훨씬 만족감이 높았으며 또한 직접 기른 허브를 이용해서 성취감이 더 높았다.

6.4.6. 편백 희망나무

1) 활동목표: 후각, 촉각 자극

2) 재료: 편백, 용기, 플로랄폼, 빨간 색지, 디자인와이어

3) 활동단계
① 편백의 향을 맡는다.
② 편백의 거친 촉감을 만져본다.
③ 플로랄폼에 편백이 나무 형태가 되도록 꽂는다.
④ 색지에 희망을 적는다.
⑤ ④의 색지를 동그랗게 말아 디자인와이어로 편백나무에 매단다.

4) 활동중재
① 편백의 향을 맡아본 기억이 있나요?
② 자신에게 하고 싶은 희망을 글로 적어볼까요?

 알아두세요

6.4.7. 매실차 담그기

1) **활동목표**: 후각, 미각, 감각 자극

수확의 기쁨을 경험하며, 직접 요리해 봄으로써 성취감을 느낄 수 있다.

2) **재료**: 매실, 황설탕, 용기, 이쑤시개, 키친타월

3) **활동단계**

① 매실을 씻는다.

② 키친타월로 매실의 물기를 닦는다.

③ 이쑤시개로 매실 꼭지를 딴다.

④ 용기의 1/2만큼 매실을 넣는다.

⑤ 매실이 잠기도록 황설탕을 넣고 공기가 들어가지 않도록 밀봉한다.

4) 활동중재

① 과일·열매를 이용해 요리를 해본 경험이 있나요?

 알아두세요

① 매실은 5월 말에서 6월 중순 사이에 수확을 하는 것으로 담는 것이 좋다.
② 매실차 담그기 과정에서 대상자들이 최대한 많이 참여할 수 있도록 한다.
　　직접 매실을 만져보고 향을 느껴보고 신맛도 느껴보게 하는 것이 좋다.
③ 매실차는 황설탕에 재운 뒤 100일이 지난 후 매실을 건져내고 매실원액만 보관한다.
④ 겨울에는 유자을 이용해 유자차를 담가 보는 것도 좋다.
⑤ 작은 병에 담아 자신만의 상표를 만들어 선물할 수도 있다.

✔ 활동 후

그룹활동인 경우 산만해질 수 있으므로 쪽파전을 다 부친 후에 골고루 나누어 먹도록 하는 것이 좋다.

6.4.8. 알뿌리 모듬심기

1) 활동목표: 감각 자극

입체인지, 촉각, 깊이 지각, 집중력, 관찰력을 향상하고 기대감을 갖게 하도록 한다.

2) 재료: 알뿌리(무스카리, 튤립, 히아신스, 크로커스), 용기, 이끼, 각 구근의 꽃 사진, 배양토

3) 활동단계

① 구근의 특징을 살펴본다.
② 구근에서 핀 꽃의 사진을 살펴보고 각 구근에서 어떤 꽃이 필 것인지 생각해 본다.

③ 포트에서 구근을 빼내어 용기에 옮겨 심는다.

④ 이끼로 덮어 준다.

⑤ 물을 적게 주도록 한다.

4) 활동중재

① 알뿌리의 모양은 어떠한가요?

② 꽃 사진을 보세요. 이 꽃들을 본 적이 있으신가요?

③ 이 꽃의 뿌리는 이런 알뿌리로 생겼답니다.

④ 알뿌리로 있으면 어떤 점이 좋을까요?

알아두세요

① 알뿌리는 대부분 독성을 가지고 있기 때문에 먹으면 안 되므로 인지판단능력이 떨어진 치매 어르신이나 중증 지적 장애인들의 경우 주의하도록 한다.

② 봄의 느낌이 나도록 나비나 곤충 모형을 장식하도록 한다.

6.4.9. 무스카리 수경재배

1) 활동목표: 감각 자극

여러 가지 색돌을 이용해 색감을 자극할 수 있고 젖은 돌의 온도 차이를 느껴봄으로써 냉온자극을 할 수 있으며 꽃의 향기를 맡게 해서 후각을 자극할 수 있다.

2) 재료: 무스카리, 용기, 여러 가지 색돌

3) 활동단계

① 색돌을 물에 2번 정도 씻어 먼지를 없앤다.

② 무스카리 구근에 흙이 묻어 있지 않도록 물에 씻는다.

③ 용기에 ①의 색돌을 1/5 정도 넣는다.

④ ③에 무스카리를 넣는다.

⑤ ④의 무스카리가 고정되도록 색돌을 용기의 3/5 정도 넣는다.

4) 활동중재

① 무스카리 꽃의 사진을 살펴본다.

② 무스카리 향기를 맡아본다.

6.4.10. 유칼립투스 리스 만들기

1) 활동목표: 감각 자극

유칼립투스의 잎을 만지고 향을 맡게 함으로써 촉각과 후각을 자극할 수 있다.

2) 재료: 유칼립투스(실버달러), 여러 가지 장식품, 지철사, 글루건

3) 활동단계

① 유칼립투스 잎을 만져 보며 향을 느껴본다.

② 유칼립투스 잎을 지철사로 중간 중간 묶어준다.

③ ②의 양쪽 끝을 묶어 리스 형태의 원형이 되도록 묶는다.

④ ③의 가운데 리본을 묶는다.

⑤ 여러 가지 장식품으로 꾸민 후 글루건으로 고정한다.

4) 활동중재

① 유칼립투스의 향을 맡아본 적이 있나요?(예: 감기나 비염치료제로 많이 쓰여 병원에서 맡아본 경험이 있다.)

② 유칼립투스의 잎을 만져 보면 어떤 느낌이 나나요?(예: 잎에 정유성분이 있어 만져보면 약간 끈적이는 느낌이 있다.)

③ 향기 나는 리스를 벽이나 문에 걸어두면 독특한 향 때문에 살균 및 방충 효과가 있답니다.

④ 유칼립투스 대신 편백을 이용해 리스를 만들 수 있습니다.

① 유칼립투스는 마른 상태가 되어도 잎이 많이 떨어지거나 색이 많이 변하지 않아 마른 소재로 이용해도 좋다.

◆ 12달 원예치료 프로그램

날짜		프로그램
1월	1주	압화 명찰 만들기, 장미 한 송이 꽃 포장하기
	2주	물주머니(물병) 꽃싸기, 개운죽 수경재배, 아로마비누 만들기
	3주	스파티필름 수경재배, 조화리스, 테라리움
	4주	점토(마끈을 이용한) 화분 만들기
2월	1주	히아신스 수경 기르기, 콩나물 기르기
	2주	부럼 포장하여 선물하기, 꽃가지를 이용한 봄꽃꽂이
	3주	새싹채소키우기, 꽃장식
	4주	새싹비빔밥, 구근 모듬심기
3월	1주	봄꽃 모듬심기
	2주	볼토피어리 만들기, 텃밭계획 구상하기
	3주	꽃씨 뿌리기, 숯부작
	4주	아이비 줄기를 이용한 번식, 프리지어 꽃꽂이, 감자 심기
4월	1주	철쭉 기르기, 관엽식물 분갈이
	2주	씨앗 솎아내기 및 옮겨심기, 채소모종심기(엽채류)
	3주	꽃잎 눌러서 말리기, 다육식물 기르기, 삽목하기
	4주	화단(텃밭)일구기, 행잉바스켓, 국화 삽목하기, 허브 삽목하기
5월	1주	물주머니 꽃싸기, 채소모종 심기(과채류)
	2주	허브심기, 국화 가식하기, 젤리 수경재배, 코르사주
	3주	허브관리, 다육식물 배우기, 접시정원, 수경재배
	4주	테라리움, 압화열쇠고리, 풍란 석부작
6월	1주	플라워볼 만들기, 넝쿨식물 기르기, 국화 정식하기
	2주	허브비누, 허브를 이용한 요리, 허브이용 장식품 만들기
	3주	텃밭 관리, 압화부채 만들기, 수경재배, 접시정원
	4주	각자 화분 만들기, 수경재배 만들기, 사피니아걸이화분
7월	1주	국화분갈이, 포푸리, 토피어리, 수경재배, 식용꽃 카나페
	2주	주변식물 관찰, 부케 만들기, 수경재배, 봉숭아꽃 물들이기
	3주	아이비덩굴화분 만들기, 장미꽃 한 송이 포장, 꽃바구니, 해바라기 포장
	4주	압화, 수경재배, 생화 탁본하기
8월	1주	허브차 마시기, 팔손이 식재, 압화손거울
	2주	채소 씨앗 심기((배추), 강낭콩 심기
	3주	잡초 제거, 유리병 선인장, 채소 심기, 꽃잎 누르기
	4주	다육식물 모듬심기, 쪽파 심기
9월	1주	허브오일, 국화 관리하기
	2주	각자 화분 물주고 관리하기, 실내식물 심기
	3주	가을풍경 액자 만들기, 국화 감상하기
	4주	국화 꽃꽂이
10월	1주	열매를 이용한 꽃꽂이
	2주	토분 다육심기, 관엽식물 심기
	3주	낙엽 압화하기
	4주	낙엽발 만들기, 추식 구근 심기

150 원예작업치료의 이론과 적용

11월	1주	잔디인형, 구근 심기
	2주	낙엽엽서 만들기
	3주	숯과 식물을 이용한 천연가습기
	4주	유칼립투스 리스 만들기
12월	1주	포인세티아 기르기
	2주	눈 느티나무볼 장식, 크리스마스 리스, 크리스마스 방울
	3주	편백을 이용한 꽃장식
	4주	촛불 꽃꽂이

참고문헌

곽혜란 외. 2007. 『교실에서 만나는 자연』. 부민문화사.

김태훈 외. 2004. 『새싹채소&화분채소 키우기』. 동아일보사.

박여원. 2010. 『365일 인지향상을 위한 원예치료복지프로그램』. 도시원예치료연구소.

서정남 외. 2002. 『원예와 함께 하는 생활』. 부민문화사.

손기철 외. 2006. 『전문적 원예치료를 위한 평가도구 및 프로그램』. 쿠북.

양정인 외. 1987. 『압화예술원론』. 서울: 서원.

이은희 외. 2002. 『원예치료의 이론과 실제』. 서울여자대학교 출판부.

제3부
원예작업치료의 실제

제7장 원예작업치료와 재료의 이해

7.1. 원예작업치료와 재료의 특성

　원예작업치료에 쓰이는 소재와 도구들은 참으로 다양하고 무궁무진하다. 이것은 다른 치료활동과 비교하면 독보적인 장점이자 동시에 어려움이라 할 수 있다. 원예작업 활동 시 치료사가 프로그램을 계획할 때 반드시 부딪히는 부분이 재료 결정과 구입 부분이며, 특히 초보 원예작업치료사에게는 난해한 과제로 여겨질 수 있다. 식물과 식물 응용에 관한 폭넓은 지식을 바탕으로 적절한 소재와 도구를 선별하여 사용할 수 있기까지 자연과 생활 속에서 더 세밀하고 다양한 관찰과 시도가 필요하다. 이 장에서 원예작업치료에 사용할 수 있는 재료를 몇 가지 소개하고 있지만 실제 현장에서 사용되는 그 다양한 깊이를 다 담지는 못할 것이다. 다만 자연을 이용해 인간에게 이로움을 주고, 자연과 소통하면서 치유한다는 원예치료의 근본 원리를 염두에 두고 재료 선별에 있어서도 '자연스러움'의 테두리에서 시작되길 바라는 마음으로 원예작업치료에 필요한 재료들을 짚어 보고자 한다.

　원예작업활동을 계획하면서 계절에 맞는 재료를 사용할 수 있는 경우와 그렇지 못한 경우를 구분하여 상황에 적절한 프로그램을 대입하는 것이 원예작업치료사의 역할이다. 우리나라는 봄, 여름, 가을, 겨울의 4계절이 있어서 자연의 소재 또한 계절에 따라 변화를 주어 활용할 수 있다. 따라서 본 장에서는 식물용 소재를 이용하면서 계절 변화에 큰 영향 없이 진행할 수 있는 실내 프로그램, 씨앗 파종이나 이식 등 계절 인지와 지식이 필요한 재배 프로그램, 계절 인식이 확실한 화훼류를 이용한 화훼장식 프로그램, 채취 가능한 시기에 미리 준비하는 건조 가능한 소재를 이용한 프로그램 등 원예작업치료 프로그램에 사용되는 특성별로 소재와 도구를 구분하였다. 또한 치료사의 임상 경험을 통해 얻은 지식을 바탕으로 실제 현장에서 보편적으로 사용하는 재료와 그 외에도 시도해 볼 수 있는 대체 가능한 재료를 소개하고자 하였다.

7.2. 원예작업치료와 재료의 분류

소재, 재료, 도구가 혼재되는 혼란을 줄이기 위해 단어의 의미를 정의하면, 소재(素材)란 가공을 하지 않은 본디 그대로의 재료라는 뜻을 가지고 있다. 자연에서 주된 필요를 채우는 원예작업치료에 있어서 적합한 의미의 단어이다. 그래서 본문에서는 식물들은 '소재'로, 기타 인위적인 생산품은 '도구'로, 이들을 통칭할 때는 '재료'라 쓰기로 한다. 또한 본문에서 재료들을 분류한 근거는 원예작업치료 적용 시 편리성과 적합성에 두었다.

먼저, 원예작업치료 식물을 소개할 제8장에서는 '소재'를 분류함에 있어 크게 분화류, 절화류로 나누었다. 첫째, 재배의 연속선상에 있는 씨앗, 모종, 새싹들을 포함해 뿌리를 유지하여 사용하는 식물은 모두 분화류로 구분하였다. 실내·외 재배프로그램에 적용할 수 있는 식물들이다. 둘째, 절화, 절지, 절엽 등 뿌리와 분리되어 일정기간의 자체생명력을 유지하고 있는 식물들을 절화류로 구분하였다. 물론 여기에는 압화·건조화를 포함해서이다. 제9장에서는 원예작업치료의 목적성에 초점을 두고 그 적용과 기능에 따라 식물 재료를 용도별로 구분하여 원예작업치료활동 응용 시 편의를 돕고자 하였다. 제10장에서 '도구'는 원예치료활동을 위해 보조적으로 사용하는 기구로서 크게 2가지 용도로 구분하였는데 재배 프로그램에 필요한 도구와 화훼장식 프로그램에 필요한 도구이다.

7.3. 원예작업치료 재료 선택 시 유의사항

원예작업치료에 사용할 재료를 선택할 때는 신중하고 세밀한 검토가 있어야 한다. 특히 소아와 노인, 정신과적 치료를 요하는 환자의 경우 안전에 더욱 주의를 기울여야 한다. 재료를 결정할 때 다음과 같은 기본적인 사항들을 점검하도록 한다.

(1) 치료 목적에 부합하는가?
Tip. 같은 활동을 하더라도 치료 목적에 따라 진행 방향을 달리 설정한다. 개운죽 수경 기르기 활동에서 신체 강화 목표를 둔 우측 편마비 환자의 경우, 색돌을 작은 숟가락을 이용하여 여러 번 반복하여 담는 중재과정을 넣어 소근육 강화를 하고자 하였다.

(2) 치료 대상자 집단에 적절한가?

Tip. 치매환자의 경우 개운죽 수경 기르기 활동에서 작은 색돌은 삼킬 수도 있으므로 배제하고 강돌이나 우화석을 이용하여 어린 시절 놀던 냇가의 조약돌을 연상하여 기억을 자극하는 활동을 하였다.

(3) 치료환경과 장소에 가능한가?

Tip. 활동 장소가 실내인지 실외인지에 따라 프로그램 내용이 달라질 수 있다. 또한 같은 실내에서도 환기 여부, 일조량, 작업대, 여유 공간 등 환경을 고려하여 프로그램을 선별해야 한다. 이동성의 제약이 있는 하반신 마비 환자들은 실내 책상 위 작업을 위주로 진행하는데 재배활동을 하기 위해 실내에서 이동 플랜트를 이용하여 파종작업을 하고, 플랜트를 옥상으로 옮겨 순번을 정해 도우미와 함께 관수와 관리를 담당하며 배추와 무를 재배하였다.

(4) 구입과 획득이 용이한가?

Tip. 활동계획 시 준비물 리스트를 작성하고 준비경로를 부재료까지 세세히 검토해야 하며 그래도 발생하는 변수에 대비할 수 있어야 한다. 복지관 옆에 봉숭아가 있어 손쉽게 당일 채취하여 쓰려 했는데 전날부터 계속 비가 와서 잎의 광합성량 부족으로 착색이 미흡할 듯하여 급하게 다른 활동으로 대체한 경험이 있다.

(5) 독소나 위험인자 없이 안전한가?

Tip. 독성이 있는 식물이나 삼킬 가능성 있는 소형의 재료, 가시가 있거나 뾰족해서 위험한 재료 등은 삼간다(특히, 소아와 치매환자). 40cm 이상의 질긴 끈(줄, 리본 등), 유리나 사기 같은 깨질 수 있는 재료들은 사용 불가하다(특히, 우울증과 정신과 환자).

(6) 이용과 관리가 보편적 기준에 맞는가?

Tip. 원예작업치료의 특성상 만들어진 작품을 관상하거나 지속적으로 재배하는 경우 등 치료시간 종료 후에도 활동이 연장되는 경우가 많다. 따라서 쉽게 숙지할 수 있는 관리법을 활용하는 것이 좋다.

(7) 거부감은 없는가?

Tip. 일반인들보다는 정서적·신체적으로 예민한 대상자들이 많기 때문에 재료 선별에
있어서 색상, 형태 등 시각 자극, 촉각 자극, 후각 자극 등 자극적이지 않은 소재와
재료 선별에 세심한 주의가 필요하다.

제8장 원예작업치료 식물소재의 분류

지구상에는 약 50만 종의 식물이 분포하고 있으며 그중 꽃이 있는 식물(현화식물)은 25만 종이나 된다. 우리나라의 경우 한국원예학회에서 소개하고 있는 원예식물의 종류는 약 1,118여 종으로 그중 채소는 47과 203종, 과수는 36과 235종, 화훼는 118과 680종이나 된다. 이 식물은 필요와 용도에 따라 다양하고 체계적인 분류를 할 수 있다. 이 장에서 우리는 원예적 분류에 바탕을 두고 원예치료 프로그램에 적용하기 용이한 분류를 시도하였다. 원예치료의 주 소재가 되는 식물을 크게 분화류와 절화류로 나누었다. 이는 프로그램의 종류를 식물재배 프로그램과 화훼장식 프로그램으로 나누는 것과 맥을 같이한다.

8.1. 분화류

● 어떻게 쓰이나?

재배의 연속선상에 있는 씨앗, 모종, 새싹부터 뿌리를 유지하여 사용하는 모든 식물은 분화류에 포함한다. 흙을 만질 수 있고 꽃을 피우거나 잎을 관상할 수 있는 분화류는 원예작업치료에 사용할 수 있는 소재이다. 계절별 꽃이 피는 풀 종류인 초화류를 많이 사용하며 목본류에 속하는 소형의 화목류도 사용한다. 계절마다 대표적 분화를 이용하여 아름다운 꽃과 푸른 잎을 보고 기르는 즐거움을 얻을 수 있다.

● 어떻게 구분하였나?

먼저, 계절에 크게 구애받지 않고 프로그램을 설계할 수 있는 온실과 실내에서의 활동과 둘째, 파종, 발아, 수확 시기 등을 고려해야 하는 텃밭과 실외 재배활동에 따라 소재 선택을 달리해야 한다. 따라서 생육 습성에 따라 구분한 원예학적 분류를 참고하여 식물을 분류하였으며 원예작업치료 활동 시 이용 용도에 따라 취사선택할 수 있도록 하였다.

● 어떻게 구입할까?

분화류는 대부분 포트 단위로 판매되는데 다량 구입 시 서울·경기 지역은 양재동 공판장, 하남 화훼 도매상가, 남서울 화훼 집하장 등 지역의 대규모 화훼단지나 공판장 같은 곳에서 다양한 분화를 둘러보고 저렴한 가격에 구입할 수 있으며, 소량 구입 시는 가까운 화원에서 원하는 상품을 사전 주문하여 사용하는 편이 유익하다.

8.1.1. 생육요인에 따른 구분

1) 광

광은 식물의 기능 중에서 가장 중요한 광합성을 하는 에너지원이 된다. 식물재배 시 문제가 되는 것은 광의 세기와 일조시간이다. 일반적으로 실내에는 300~3,000lux 밝기하에서 생육이 되는 식물을 두는 것이 좋으며, 5,000lux 이상이 요구되는 식물은 보광을 해주어야 한다.

(1) 거의 일광이 없는 실내(음지)
① 싹채소류: 메밀, 참깨, 순무, 알팔파, 콩나물

(2) 창가 레이스 커튼 너머로 빛이 드는 실내(반음지)
① 난: 파피오페딜룸
② 분화: 세인트폴리아, 글록시니아, 리거 베고니아, 군자란
③ 허브: 체르빌, 차이브, 로케트
④ 관엽식물: 페페로미아, 아디안툼, 스파티필룸, 디펜바키아, 아나나스, 드라세나, 브라이달베일, 트라데스칸티아, 파초일엽, 호야, 관음죽

(3) 창가에서 밝은 빛이 많이 들어오는 실내
① 난: 카틀레야, 심비디움, 덴드로비움, 호접란
② 분화: 퓨리뮬러, 시클라멘, 시네라리아
③ 다육: 월하미인, 홍공작
④ 채소: 파슬리, 서니레터스, 래디시
⑤ 허브: 페퍼민트, 스위트바질, 차이브, 라벤더, 레몬밤
⑥ 관엽식물: 인도고무나무, 벤자민고무나무, 크로톤, 포토스, 셰플레라

(4) 북향의 밝은 옥내

① 분화: 임파첸스, 베고니아 셈퍼플로렌스, 오리엔탈 하이브리드, 리코리스 등

2) 온도

같은 식물이라 할지라도 발아를 위한 생육적온, 꽃을 피우기 위한 개화적온, 겨울을 나기 위한 월동적온이 서로 다르지만 일반적으로 식물의 전 생장에 요구되는 온도를 생육적온이라 한다.

① 생육적온 10~15.5℃: 헤데라, 칼랑코에, 시클라멘
② 생육적온 15.5~18.3℃: 페페로미아, 코르딜리네, 크리스마스 선인장
③ 생육적온 18.3~21.1℃: 세인트폴리아, 크로톤, 디펜바키아, 다육식물
④ 생육적온 21~25℃: 아스파라거스, 파초일엽, 아글라오네마, 기누라, 줄모초, 자주달개비, 필레아, 프테리스, 고무나무류, 페페로미아, 금송악
⑤ 생육적온 25℃ 이상: 셰플레라, 디펜바키아

3) 습도

상대습도는 온도와 밀접한 관계를 가지고 있다. 실내온도가 높아지면 상대습도는 낮아지는 반면, 온도가 떨어지면 상대습도는 높아진다. 온도가 10℃ 오르면 공중습도는 약 20~30% 내려간다. 식물에 따라 다소 차이는 있으나 실내식물에 가장 적절한 상대습도는 60~70%의 범위이다.

① 적정 생육습도가 50~60%인 식물: 아스파라거스, 줄모초, 삼칠초
② 적정 생육습도가 70% 내외인 식물: 시페러스, 달개비류, 피기백, 고무나무류, 브라이달베일, 페페로미아, 금송악, 호야
③ 적정 생육습도가 80% 이상인 식물: 아디안툼, 파초일엽, 아글라오네마, 크립탄터스, 코르딜리네, 셰플레라, 제브리나, 자주 달개비, 네프롤레피스, 필레아, 프테리스, 필로덴드론, 포토스, 관음죽

4) 통풍

식물 재배 시 적당한 통풍은 광합성의 원료가 되는 이산화탄소의 흡수를 촉진한다. 특히, 창가나 베란다에서 식물을 재배할 경우에는 가끔 창문을 열어서 통풍하는 것이 바람직하다. 통풍이 좋으면 기온 상승을 막고 병해충의 발생을 억제하는 효과도 있다. 특히, 육묘상이나 트레이에 종자를 파종하고 밀폐한 상태로 두면 곰팡이가 발생하기 쉽고 입고병의 원인이 된다. 환기가 잘되지 않을 경우 선풍기를 사용하여 실내의 공기를 유동시키는 것도 식물의 생육에 도움이 된다.

8.1.2. 원예작업치료 프로그램 적용에 따른 분류

1) 관엽식물

관엽식물이란 주로 잎을 관상하는 식물로 대부분은 열대 정글, 아열대 수림에서 사는 상록식물이다. 좁은 공간에 모여 사는 도시인들에게 자연과의 접근을 위해 실내를 꾸미는 데 주로 많이 이용된다. 이용되는 종류도 1,000여 종을 넘을 정도로 다양하여 직립적인 교목(고무나무, 휘닉스, 당종려), 옆으로 퍼지는 관목(관음죽, 팔손이), 늘어지면서 기어오르는 덩굴식물, 초본류 등 식물의 특성에 따라 생활공간에 맞도록 이용된다.

(1) 모듬심기 식물

접시나 쟁반 같은 형태의 배수구멍이 없는 용기에 식물을 식재하는 것을 '디시가든'이라 한다. 이렇듯 비슷한 생육 조건을 가진 여러 식물을 모아 식재하고 숯이나 돌, 어패류 같은 어울리는 첨경물을 조성하여 마치 축소된 자연 환경처럼 꾸밀 수 있다. 한정된 용기 내에서 생육해야 하므로 키가 빨리 자라는 식물보다 길이 생장이 늦은 식물이 적합하다. 배수구가 없기 때문에 수분 환경에 따라 적절한 수분 공급 방법을 숙지하도록 한다. 빛 환경이 약한 실내에서도 잘 자라는 장점 때문에 실내장식용으로 선호도가 높다. 컬러나 무늬가 있는 관엽을 섞어서 쓰거나 높낮이의 차이가 있는 배치를 함으로써 재미와 변화를 줄 수 있다. 스프레이 방식으로 수분 공급이 가능하며 공중습도 유지, 공기정화에도 좋다.

① 적용 가능한 원예활동
- 디쉬가든

- 화분 분갈이
- 토피어리
- 테라리움
- 물 재배
- 삽목
- 실내 정원 만들기

② 적용 가능한 식물소재

- 스파티필룸(*Spathiphyllum*)
- 안스리움(*Anthurium*)
- 테이블야자(*Collinia elegans*)
- 산호수(*Ardisia pusilla*)
- 싱고니움(*Syngonium*)
- 피토니아(*Fittonia*)
- 아디안툼(*Adiantum raddianum*)
- 알로카시아(*Alocasia amazonica*)
- 잎베고니아(*Begonia rex Putz*)
- 페페로미아(*Peperomia*)

| ▲ 스파티필룸 | ▲ 안스리움 | ▲ 테이블야자 | ▲ 산호수 |
| ▲ 피토니아 | ▲ 아디안툼 | ▲ 페페로미아 | ▲ 알로카시아 |

(2) 덩굴식물

줄기와 잎이 아래로 흐르듯 자라는 덩굴식물은 공중걸이 화분 기르기 같은 활동에 적합한데 트리안이나 마삭줄처럼 건조에 약한 식물은 수분 공급에 특히 주의를 기울여야 한다. 덩굴식물은 잎 자체로도 아름답지만 줄기의 유연한 곡선과 꽃이 어우러진다면 관상 가치가 더욱 높다.

① 적용 가능한 원예활동
- 행잉 바스켓
- 테라리움
- 토피어리
- 벽면 녹화

② 적용 가능한 식물소재
- 아이비(*Hedera helix*)
- 호야(*Hoya*)
- 트리안(*Muehlenbeckia axillaris*)
- 타라(*Pilea glauca*)
- 스킨답서스(*Scindapusus aureus*)
- 마삭줄(*Trachelospermum asiaticum*)
- 러브체인(*Ceropegia woodii* Schlechter)
- 얼룩자주달개비(*Zebrina pendula*)
- 녹영(*Senecio rowleyanus*)
- 푸밀라(*Ficus fumila*)
- 만데빌라(*Mandevilla splendens*): 붉은 꽃이 인상적이다.
- 마다가스카르재스민(*Stephanotis floribunda*): 줄기가 굵고 잎에 광택이 있다.
- 학재스민(*Jasminum polyanthum*): 꽃의 향이 좋고 진하다.
- 으아리(*Clemais lawsoniana*): 노지 월동하며 크고 화려한 꽃을 피운다.

▲ 마다가스카르재스민(*Stephanotis*)

▲ 만데빌라(*Mandevilla*)

2) 초화·화목류

식물을 기르는 동안 꽃을 관상할 수 있으며 계절에 맞게 시중에서 쉽게 구입할 수 있는 종류가 많아 원예치료 프로그램에 활용하기 좋다.

① 적용 가능한 원예활동
- 파종하기
- 화단 만들기
- 종자 채취하기
- 삽목

(1) 1·2년생 초화류(Annuals·Biennials)

1년초(Annuals)는 한해살이 화초라고도 하며, 종자로부터 발아하며 1년 이내에 개화, 결실하여 일생을 마치는 화훼로서 파종기에 따라 춘파 일년초와 추파 일년초로 분류된다. 일년초는 생육기간이 짧고 일제히 꽃이 피기 때문에 화단을 조성할 때 가장 빠른 시일 내에 적은 비용으로 환경을 미화할 수 있는 좋은 식물재료로 이용된다.

일년초의 파종기에 따른 분류

분류	식물종류
춘파일년초	메리골드, 과꽃, 맨드라미, 사루비아, 붓꽃
추파일년초	팬지, 패랭이, 플록스, 시네라리아

2년초(Biennials)는 두해살이 화초라고도 하며, 파종 후 12개월, 즉 1년이 지난 후 개화하여 결실하고 죽어 버리는 종류를 말한다. 역시 꽃을 관상 대상으로 하며, 원산지가 온대지방인 것이 많다. 이에 속하는 종은 대개 추파일년생초의 생육기간이 길어진 형으로 예를 들면 종꽃・접시꽃 등이 이에 속한다.

(2) 숙근초(Perennials)

숙근류란 생육 후 개화결실한 다음 겨울이 되면 지상부의 잎줄기는 말라 죽지만 지하부의 뿌리는 남아 생육을 계속하는 초본성 화훼를 말한다. 생육 개화결실 하여도 1, 2년초처럼 식물체가 고사하지 않고 지상・하부 전체 또는 지하부만 남아 2년 이상 생육개화하는 종류로서 다년초라고도 한다. 이 때문에 매년 심지 않아도 오랫동안 아름다운 꽃을 관상할 수 있고, 삽목 등 영양번식을 주로 하기 때문에 품종 고유의 특징을 유지할 수 있다.

내한성 정도에 따른 분류

종류	특성	식물
노지숙근초	내한성이 강하고, 겨울을 거쳐야만 꽃이 피는 것	매발톱꽃, 도라지, 동양란, 알리움, 작약, 꽃창포, 옥잠화, 플록스, 데이지
반노지숙근초	내한성이 그리 강하지 못하여 나뭇잎이나 짚으로 덮어 주어야 월동할 수 있는 것들	국화, 카네이션

이용형태에 따른 분류

이용	식물
화단용 (지피용)	꽃잔디, 작약, 독일붓꽃, 원추리, 숙근 플록스, 실생국화, 도라지, 아스틸베, 맥문동
분화용	풋트멈, 군자란, 베고니아류, 세인트폴리아, 제라늄, 마가렛
절화용	카네이션, 국화, 거베라, 스타티스, 숙근안개초, 용담, 꽃도라지(유스토마)

(3) 화목류(Ornamental tree)

화목류란 아름다운 꽃이 피는 목본식물을 말한다. 또한 꽃은 아름답지 않지만 잎, 열매,

줄기의 수형이 아름다운 나무도 화목류로 취급한다. 개화양식에 따라 여러 가지로 분류되며, 내한성이나 키의 크고 작음에 따라 온실화목(Indoor Flowering Plant), 관목화목(Flowering Shrub), 교목화목(Flowering Tree)으로 분류할 수 있다.

화목류의 분류

분류	특성	식물
온실화목	• 열대 및 아열대 원산 • 노지에서는 겨울에 얼어 죽으므로 반드시 온실에서 재배	수국, 포인세티아, 아잘레아, 부겐빌레아, 꽃치자, 초롱꽃, 동백, 재스민, 유도화, 꽃기린
관목화목	• 줄기가 높이 자라지 않고 낮게 자라면서 밑에서 많은 가지가 나오는 화목 • 나무가 작고 가꾸기 쉬워 정원, 공원, 도시 미화에 이용	장미, 진달래, 산철쭉, 황철쭉, 명자나무, 개나리, 고광나무, 라일락, 불두화, 매화, 백일홍나무, 나무수국, 조팝나무, 무궁화
교목화목	• 한 줄기로 높게 자라면서 위에서 가지를 뻗는 화목 • 주로 공원, 정원, 가로수, 고속도로 미화에 이용 • 군식하여 주위 전체의 분위기를 꽃으로 연출	꽃사과, 산딸나무, 벚나무, 박태기나무, 목련, 백목련, 자목련, 꽃배나무, 산사나무, 자귀나무, 아카시아나무, 조팝나무

3) 다육식물과 선인장(Succulent & Cactus)

선인장, 다육식물 모두 저수조직이 발달되어, 건조한 환경에 잘 적응한다. 손이 자주 가지 않아도 잘 자라기 때문에 인기가 좋으며, 과습하면 썩기 쉬우므로 토양환경은 사질을 섞어 배수가 잘되도록 조성한다. 다육식물(Succulent)은 무려 40科 이상, 1만 종이나 되는 방대한 수의 식물을 단순히 형태 및 생리가 비슷하다 하여 다육식물이라는 명칭으로 편의상 부르고 있다. 자생지는 거의 전 세계에 이르고 있다. 넓은 의미로 선인장을 다육식물 속에 포함할 수 있으나 사실 선인장과 식물은 약 5,000종 이상이나 되는 광범위한 식물로 구성되어 있다. 선인장의 주요 원산지는 북미 서남부, 멕시코에 분포하고 일부 아프리카 서부에 분포한다. 흔히 열대사막 지반에서만 사는 고온성 식물로 알려져 있지만 실제는 온대 및 한대 건조지역에도 널리 분포되고 있다.

① 적용 가능한 원예활동
• 다육식물 투명화기에 색돌과 함께 심기
• 다육 정원 만들기
• 삽목

② 적용 가능한 식물소재

▲ 산세베리아(*Sansevieria*) ▲ 칼랑코에(*Kalanchoe*) ▲ 게발선인장(*Schlumbergera*)

▲ 아악무(*Portulacaria afr*) ▲ 알로에(*Aloe*) ▲ 정야(*Echeveria derembergii*)

4) 수생식물(Hydrophyte, Aquatic Plant)

수생식물은 일반적으로 관다발 식물(양치식물 이상의 고등식물) 중에서 물에서 자라는 식물로, 자신의 생활사 중에서 적어도 한 시기는 물속에서 자라는 초본(풀)식물을 말한다. 수생식물로 생태 조성을 하여 실내에 두는 경우, 가습의 효과가 있지만 반면 고여 있는 물을 자주 갈아주고 공기를 순환시켜야 하는 번거로움이 있다. 수생식물들은 일조량이 충분해야 생육이 좋고 특히 수련과 같은 식물은 일조량이 부족하면 잘되지 않는다. 유리 용기는 빛의 영향으로 녹조류의 번식이 더욱 쉽다는 것을 염두에 두어야 한다. 작은 물고기나 수생생물 등을 곁들여 흥미를 배가할 수 있다.

수생식물은 습성 또는 생육지에서의 생활형에 따라서 다음과 같이 구분한다.

- 정수식물(물가나 습지에서 자라는 식물): 갈대, 줄, 부들, 창포 등
- 부엽식물(물 위에 잎을 내는 식물): 가래, 마름 수련, 어리연꽃 등
- 부유식물(물 위에 떠서 사는 식물): 개구리밥, 물옥잠, 자라풀, 생이가래 등
- 침수식물(물속에 잠겨 사는 식물): 물수세미, 검정말, 나사말 등

① 적용 가능한 원예활동
- 수생 정원 만들기
- 수초 어항 만들기

② 적용 가능한 식물소재
- 파피루스(*Cyperus papyrus*)
- 워터코인(*Hydrocotyle umbellata*)
- 물배추(*Pistia straiotes* L.)
- 부레옥잠(*Eichhornia crassipes*)
- 생이가래(*Salvinia natans*)
- 수초 시페루스(*Cyperus helperi*)
- 수초 붕어마름(*Ceratophyllum demersum*)

5) 구근식물(Bulbs)

구근 식물은 식물체의 일부인 잎, 줄기, 뿌리 등이 비대해져 구(球)와 같은 형태로 영양 저장 기관이 발달하여 수분 공급만으로도 쉽게 기를 수 있다. 구근 자체는 일정기간 휴면을 하는 것이 일반적인 특징이다. 그리고 휴면이 타파된 후에 맹아(萌芽)하면 구근의 저장 양분은 생육기간 중에 필요한 양분으로 이용된다. 춘식 구근식물은 겨울의 추위를 견딜 수 없기 때문에 꽃이 지고 난 가을에 흙에서 캐내어, 잘 보관했다가 이듬해 봄에 다시 심어 주면 여름과 가을까지 꽃을 볼 수 있다. 추식 구근식물은 늦봄에 구근을 캐내어 보관했다가 가을에 다시 심어 이듬해 봄에 꽃을 볼 수 있다.

① 적용 가능한 원예활동
- 구근별 심기, 모듬심기
- 구근의 모양 관찰하기
- 계절꽃 피우기
- 수경 기르기

시기별 분류와 종류

분류	특징	식물		
춘식구근	• 노지 월동이 불가능하므로 가을에 캐내어 10~15℃에서 저장, 월동시킨 후 다음해 봄에 심음 • 건조에 강하고 척박한 토양에서도 잘 자람	칸나, 다알리아, 글로리오사, 글라디올러스, 수련		
추식구근	• 가을에 노지에 심어 월동시키면 다음해 봄에 개화 • 고온에서 생육이 불량하고 서늘한 조건에서 잘 자라며 춘식 구근에 비해 토양이 비옥해야 하며 건조에도 약한 편	튤립, 백합, 수선화, 크로커스, 구근아이리스, 무스카리		
온실구근	• 내한성이 약하여 노지에서는 겨울에 얼기 때문에 온실 안에서 재배 • 주로 화분장식용으로 실내에서 재배	춘식	구근베고니아, 글록시니아, 아마릴리스, 칼라, 시클라멘, 칼라디움	
		추식	아네모네, 프리지아, 히아신스, 라넌큘러스	

6) 난과 식물

난은 단자엽식물 중에서 가장 발달된 기관을 가지고 있는 식물군으로 현재 알려져 있는 품종만 약 700여 속에 35,000여 종의 품종이 있다. 대표적인 난속으로 카틀레아(*Cattlea*)속, 심비디움(*Cymbidium*)속, 덴드로비움(*Dendrobium*)속, 파피오페딜룸(*Paphiopedilum*)속, 팔레놉시스(*Phalenopsis*)속, 반다(*Vanda*)속, 온시디움(*Oncidium*)속, 밀토니아(*Miltonia*)속, 오돈토글로섬(*Odontoglosum*)속, 에리데스(Aerides)속 외에도 수십여 속이 재배되고 있다.

① 적용 가능한 원예활동

• 서양난 모듬심기

• 착생난 기르기

• 액자 만들기

• 목부작

• 석부작

② 적용 가능한 식물소재

• 팔레놉시스

• 덴드로비움

• 풍난

• 석곡

난의 분류

분류(기준)		특성	식물
원산지의 분류	서양란	• 열대 및 아열대지방에서 자생하는 열대란 • 꽃색이 화려하고 풍부한 반면 향기가 거의 없음	• 카틀레야, 에피덴드럼, 렐리아, 온시디움, 심비디움, 반다
	동양란	• 우리나라를 비롯 중국, 일본, 대만 등 온대기후지대에서 자라는 난류	• 한란, 보세란, 대명란, 중국춘란, 건란, 옥춘란
생태적인 분류 (생활습성)	지생란 (Terrestrial orchid)	• 땅에서 자생하는 것으로 아열대·온대지방에 분포	• 심비디움, 파피오페딜룸, 플레오네, 메마리아, 파이우스
	착생란 (Epiphytic orchid)	• 일명 기생란, 자연상태에서는 식물 자체를 지탱하기 위해 나무줄기나 바위에 붙어서 생육	• 카틀레야, 덴드로비움, 팔레놉시스, 반다, 풍란 등 대부분의 양란 • 열대 아열대지방의 난과 식물
형태적인 분류 (생장점수)	단경성란 (Monopodial orchid)	• 하나의 생장점을 가지고 생육	• 반다, 팔레놉시스, 에리데스(풍란)
	복경성란 (Sympodial orchid)	• 생장함에 따라 여러 개의 생장점을 형성하여 큰 포기로 자람	• 카틀레야, 덴드로비움, 심비디움, 온시디움, 밀토니아

7) 허브(Herb)류

허브는 '향기 나는 풀'이라는 의미로 수없이 많은 품종이 있다. 1년초나 2년초뿐만 아니라 다년초(상록수, 낙엽수), 구근식물도 있다. 허브류는 꽃과 잎, 줄기, 뿌리, 나무껍질, 종자 등 사용 부위에 따라 기능과 용도에 따라 그 경계가 다양하고 광범위하여 원예작업치료활동에 주로 쓰이는 식물들 위주로 나열하였다. 전문점에서 묘를 구입하여 재배하면서 차, 요리에 이용할 수 있어 재배의 즐거움도 배가될 수 있다.

(1) 화분 식재

- 로즈메리: 향이 진하고 목질화되어 생육이 좋다. 소화를 돕는 효과가 있다.
- 라벤더: 방향제로는 가장 인기 있는 허브, 보라색 꽃이 아름답다.
- 장미허브: 다육과 유사하여 번식과 관리가 쉽다.
- 램스이어: 모양과 질감이 독특하다.
- 헬리오트로프: 초콜릿 향이 나는 꽃으로 인기가 있다.
- 스피어민트: 향과 잎 색이 좋다.
- 로즈 제라늄: 방충 식물로 알려진 제라늄은 꽃도 잘 피운다.
- 야로우: 번식과 키우기가 쉽다.

- 세이지: 육류요리, 허브차에 이용하며 삽목으로 간단하게 번식한다.
- 타임: 육류요리, 허브차에 사용한다. 삽목번식, 재배하기도 쉽다.
- 한련화: 꽃과 잎 모두 식용, 화단용으로 이용할 수 있다.
- 바질: 이태리요리에 흔히 쓰이는 향신료, 파스타 요리에 이용한다.
- 민트류: 과자, 허브차, 포푸리 등에 이용한다.
- 페퍼민트: 소화기 계통에 좋다.
- 애플민트: 사과와 박하의 상큼한 향이 있다.
- 레몬밤: 허브차, 허브목욕, 포푸리에 이용한다.

(2) 허브차와 식용허브

허브식물의 주된 성분은 탄수화물, 무기염류(칼륨, 칼슘), 지방산, 글리세롤, 사포닌, 탄닌, 비타민, 아미노산, 알칼로이드, 정유(Essential oil), 쓴맛 성분(Bitter compound), 배당체, 테르펜과 수지, 점액과 팬틴, 지방유 등이다. 특히 정유는 방향유로 휘발성이 있으며 식물의 세포 안에 들어 있고 향기가 좋으며 열을 가하면 증발하고 흡수력이 좋아서 피부에 발랐을 때 2~3초 안에 스며들어 깊이 흡수되는 특징을 가지고 있다. 화학적 함유성분은 테르페노이드와 복합성분이며 독특한 향을 내어 고대로부터 향신료·방향제·향수의 원료로 이용되었을 뿐만 아니라 음식에 넣어 섭취하였다. 정유는 인체의 면역기능을 강화하고 방부제, 소독살균제, 소화제, 강장제, 구풍제, 거담제, 류머티즘, 소엽제, 항암제로 인체에 많은 영향을 미치고 있다.

① 적용 가능한 원예활동
- 허브식물 심고 기르기
- 포푸리 만들기
- 허브차, 허브를 이용한 음식 만들기
- 허브식초, 허브정유 만들기
- 허브비누, 허브초 등 응용

허브의 수확과 이용

부위	채취시기	용도	식물
꽃, 화기	정오, 꽃이 만개했을 때	소화기능 촉진, 몸의 활력과 집중력을 높임	캐모마일, 민트, 보리지, 마조람, 라벤더, 재스민
잎, 줄기	개화 초기	인체의 신진대사에 관여, 피부를 맑고 깨끗하게 유지	마조람, 세이지, 타임, 히서프, 오레가노, 보리지
종자, 열매	잘 익은 후	신경계와 중추신경에 관계 자율신경계를 조절, 뇌기능을 활성화	코리안더, 펜넬
뿌리, 나무껍질	늦가을 초봄, 뿌리의 정유함량이 가장 많을 때	혈액순환 촉진	안젤리카, 치커리

8) 채소류와 씨앗

채소원예(Olericulture, Vegetable Growing)는 원예작물의 한 부류로 부식으로서의 식용뿐만 아니라 약리적·보건적 효능을 가진 재배식물과 민속채소(산채)를 포함한 초본성 식물 전체를 일컫는다.

① 적용 가능한 원예활동
- 잔디인형 만들기
- 파종하기
- 새싹 씨앗 심기
- 새싹 채소를 이용한 음식 만들기
- 어린 잎 채소 심기
- 쪽파 심기

② 적용 가능한 식물소재
- 잔디 씨앗
- 새싹 씨앗: 새싹용 전용 씨앗(무순, 알팔파, 적무, 브로콜리, 다채)
- 열매채소: 모종 심기(토마토, 고추, 가지)
- 잎채소: 파종(봄-상추, 치커리, 열무/가을-무, 배추, 갓)

8.2. 절화류

● 어떻게 쓰이나?

뿌리와 분리되어 일정기간 관상이 유효한 절화, 절지, 절엽 등 식물의 일부분을 이용한다. 생화는 온실재배로 계절의 영향 없이 쓸 수 있는 것도 많지만 계절에 따라 그 변화를 쉽게 느낄 수 있는 계절꽃을 이용하여 원예치료의 효과를 극대화시키는 소재로 활용한다. 절화는 생명유지 기간이 짧다는 아쉬움이 있지만 화려한 컬러와 형태로 대상자의 집중도가 높고 다양한 디자인을 도입할 수 있어서 반응 효과가 크다. 묶음작업이 필요한 한 송이 포장이나 꽃다발 만들기를 할 수 있으며 플로랄폼과 침봉 등에 꽂아 꽃꽂이를 할 수 있다. 근래에는 나뭇가지나 돌 등 천연 재료들로 플로랄폼을 대체하거나 금속 와이어, 컬러비닐 등 새로운 지지도구를 활용한 생화장식도 많이 시도되고 있다.

● 어떻게 구분하였나?

절화는 시기마다 소재의 특성이 다양하여 원예치료 프로그램에 변화와 활력을 줄 수 있기 때문에 주된 이용 시기인 봄, 여름, 가을, 겨울 4계절로 구분하였다. 또한 꽃, 잎·가지·열매, 건조 가능한 소재로 소구분하였다. 보통은 꽃이 화훼장식의 주가 되며 꽃만을 사용하는 경우도 많지만 잎과 가지와 열매를 더불어 사용하면 꽃보다 시듦 현상도 더디기 때문에 전체적인 생명력이 연장되며, 다채로운 꽃 색상과 어우러져 시각적 안정감을 높여준다. 자연의 상태를 모티브로 할수록 꽃과 잎·가지·열매의 조화로운 사용이 더욱 필요하다. 또한 계절별로 건조 가능한 소재로 리스나 토피어리 등 장식 활동을 하면 식물소재가 자연 건조되면서 더 오랜 시간 감상할 수 있으며 제철에 건조하거나 눌러서 모아두었다가 4계절 건조화·압화 재료로도 사용할 수 있다.

● 어떻게 구입할까?

생화류는 출하 시 단으로 묶여 나오기 때문에 도매시장에서는 묶음 단위로 구매해야 한다. 장미, 거베라 등 10대가 1단으로 묶여 있는 종류가 있고, 소국, 스프레이 카네이션, 미니장미, 안개꽃 등 묶음의 양이 일정치 않고 시기와 판매장소에 따라 조금씩 다른 경우가 있다. 서울·경기 지역은 양재 꽃도매 시장, 경부선 터미널, 강남과 남대문 꽃 도매시장이 크고, 소량 구입 시는 근거리의 도매화원이나 소매화원을 정해서 사전 주문해 사용하는 것이 더욱 경제적이다.

① 적용 가능한 원예활동
- 한 송이 꽃 포장하기
- 계절 꽃꽂이
- 꽃케이크 만들기
- 물주머니 꽃싸기
- 부케 꽃다발 만들기
- 편백 트리 만들기
- 미니 바구니 꽃꽂이
- 낙엽 모으기
- 건조화 준비하기
- 압화 장식품 만들기
- 계절 달력 만들기
- 이름표 장식하기
- 포푸리 만들기

8.2.1. 봄

1) 꽃

① 프리지어(*Freesia refracta*): 향이 진하고 대중적 선호가 높아 반응이 좋으며, 줄기가 얇지만 단단하여 꽃꽂이가 용이하다.

② 튤립(*Tulipa gesneriana*): 색과 형태가 다양하고 화려하다.

③ 시네라리아(*Senecio cruentus*): 꽃이 작고 밀집해 있으며 파란빛의 독특한 색감을 가지고 있다.

④ 아네모네(*Anemone*): 벨벳 느낌의 질감이 독특하고 모양이 화려하면서도 정감 있다. 줄기가 물러 플로랄폼에 꽂을 때 주의해야 한다.

⑤ 라넌큘러스(*Ranunclus asiaticus*): 동그란 모양과 다양한 색상으로 호응이 좋다.

⑥ 포피(*Papaver rhoeas*): 종이 같은 독특한 질감을 가지며 얇은 줄기의 자연스러운 곡선이 아름답다.

2) 잎 · 가지 · 열매

① 개나리(*Forsythia koreana*): 봄을 상징하는 개나리는 이른 봄을 느끼려는 사람들 덕에 시장에서는 1월 중 · 하순이면 볼 수 있다.

② 산수유(*Cornus officinalis*): 여러 방향으로 뻗어난 가지의 선을 활용한다.

③ 설유화(*Spiraea thunbergii*): 설유화는 가지에 힘이 더 있고 꽃이 외줄로 붙어 있는 모양이나 조팝은 동그란 덩어리로 꽃이 붙어 있으며 가지가 더 아래로 흐르듯 휘어져 있다.

④ 보리(*Hordeum vulgare*): 거친 질감과 연둣빛 싹이 밝은 색상의 봄꽃들과 잘 어울린다.

⑤ 매화(*Prunus mume*): 꽃이 화사하게 핀다.

⑥ 목련(*Magnolia*): 꽃봉오리째로 달린 가지를 사용하면 꽃이 필 때까지 볼 수 있다.

⑦ 섬담쟁이(송악, *Hedera rhombea*): 까맣고 광택 있는 열매와 잎은 어레인지 밑받침이나 꽃다발, 바구니 등의 유용한 소재이다.

3) 건조 가능 소재

① 헬리크리섬(*Helichrysum bracteatum*): 종이로 만든 것처럼 바삭하고 건조한 질감 때문에 종이꽃, 밀짚꽃 등으로 불린다.

② 로단세(*Helipterum manglesii*): 부서질 듯 여리지만 건조상태로 색상과 모양 보존이 잘된다.

③ 스타티스(*Limonium sinuatum*): 색상도 다양하고 건조도 쉬워 사용하기 좋다.

8.2.2. 여름

1) 꽃

① 수국: 색상이 곱고 다양하며 꽃 얼굴이 덩어리져 있어 부피감과 면적을 채우기 좋다. 수국의 특성상 습도와 수분 유지가 필수적이다.

② 과꽃: 꽃의 형태가 동그랗고 귀여워 아이들이 선호하며 색상도 선명하다.

③ 글라디올러스: 수직, 수평의 직선을 표현하기 좋으며 꽃이 잘 피고 화려하다.

④ 수레국화: 야생화로 볼 수 있고 절화로 나오는 상품은 색상이 좀 더 선명하다.

⑤ 니시안: 파스텔톤의 색상이 여성적이며 다양하다.

⑥ 장미: 가장 사랑받는 꽃이며 연중 볼 수 있지만 특히 6~8월에 가장 많이 나온다.

⑦ 해바라기: 여름부터 9월까지 한창이며 개성 있는 형태와 친근한 이미지가 있어 활용

도가 높다.

⑧ 패랭이: 홑꽃잎의 패랭이는 야생화로 보기 쉽고 시중에는 겹꽃인 석죽을 많이 쓰며 가을·겨울까지 있다.

2) 잎·가지·열매

① 청미래 덩굴: 동그랗고 매끈한 초록 열매가 싱그러운 여름 작품에 알맞다. 혹 따먹지 않도록 주의하고 구부러지는 가지는 활용도가 높지만 가시가 있으니 주의해야 한다.

② 용수초: 속이 비고 긴 줄기를 이용해 꺾거나 잘라 다양하게 응용할 수 있다.

③ 동백: 아기 사과 같은 빨간 열매가 매달려 있을 때 사용할 만하다.

④ 하이베리쿰: 초록·주황·빨강 열매가 모여 있어 활용도가 높다.

3) 건조 가능 소재

① 카스피아: 연보라색의 작은 꽃들이 모여서 장미나 니시안 같은 주된 꽃의 배경으로 잘 쓰이며 단독으로 다량 모아서 써도 좋다.

② 연밥: 초록의 열매일 때도 쓰임새가 좋지만 건조하여 검게 변한 모습도 독특한 느낌을 준다.

8.2.3. 가을

1) 꽃

① 다알리아: 색상이나 형태가 다양한 품종이 나온다.

② 국화: 크기, 색상, 모양 등도 다양하고 수명도 길다.

③ 맨드라미: 주먹맨드라미, 촛불맨드라미, 닭벼슬맨드라미 등 생긴 모양에 따라 불리는 이름이 다르다.

④ 메리골드(*Tagetes erecta*): 꽃밭에서 흔히 볼 수 있어 친근하고 독특한 향이 있다.

⑤ 백일홍(*Zinnia elegans*): 이름처럼 화기가 길어 6~10월까지 볼 수 있다.

2) 잎·가지·열매

① 갈대(*Phragmites communis*): 못이나 강가, 습지 등 전국적으로 무리지어 자라 쉽게 볼

수 있다. 실내에 들여올 때는 다림풀 스프레이 같은 것으로 뿌려 두면 덜 흩날린다.

② 꽈리(*Physalis alkekengi*): 여름에 초록색으로 열린 열매가 8월이 지나면서 빨갛게 익는다.

③ 태산목(*Magnolia grandiflora*): 마치 고무나무 잎처럼 겉면은 녹색으로 매끄럽고 뒷면은 갈색에 털이 빽빽이 자라 있어 질감과 색감의 대비를 표현하기 적절한 소재이다.

3) 건조 가능 소재

① 천일홍(*Gomphrena globosa*): 꽃색이 천일을 간다 하여 붙여진 이름답게 여름부터 가을까지 나오며 포푸리 재료로 적절하다.

② 낙엽

8.2.4. 겨울

1) 꽃

① 동백: 광택 있는 잎의 매끄러운 질감과 진한 레드벨벳 같은 꽃의 질감이 대비된다.

② 꽃양배추(*Brassica Oleracea*): 마치 꽃잎처럼 펼쳐진 잎, 특히 보라색은 더욱 꽃과 같다.

③ 포인세티아: 강렬한 빨간 포엽은 그 어느 꽃보다도 강렬하며 분홍, 노랑, 아이보리 등 다양한 품종들이 나와 이채롭다.

④ 알스트로메리아(*Alstroemeria auramtiaca*): 연중 재배되지만 에틸렌에 민감한 특성을 고려해 저온 보관이 쉽고 꽃이 귀한 겨울에 색상과 모양이 화려한 알스트로메리아를 써볼 것을 추천한다.

⑤ 방울 수선화: 새해, 새봄을 알리는 꽃으로 1월이면 시장에 나오며 매력적인 향을 지녔다.

2) 잎·가지·열매

① 낙상홍: 서리가 내릴 때까지 열매가 붉어서 붙었다는 이름답게 열매도 가지의 선도 아름답다.

② 팔손이 열매: 독특한 모양이라 뭉쳐서 써도 재미있다.

3) 건조 가능 소재

① 오리목(*Alnus japonica*): 오리마다 심어 붙은 이름이라는데 열매가 덜 자라 초록빛일 때도 사용하기 좋으며 성숙하여 벌어진 열매는 건조하여 쓸 수 있다.

② 솔방울: 잣나무의 잣송이, 소나무의 솔방울 등 크기와 형태가 종류별로 다르다.

8.2.5. 연중

1) 꽃

일반인들이 선호하고 가장 보편적으로 사용되고 있는 절화인 장미, 국화, 카네이션, 백합, 거베라는 계절에 관계없이 연중 출하되고 있다. 다만 가격에 영향을 미치는 시장 동향에 비추어 살펴보도록 하자.

① **장미**는 여름이 개화시기이지만 일반적으로 가장 선호하는 꽃인 만큼 연중 출하가 되고 있으며 시장 동향에 따라 가격 변동 또한 가장 심하다. 일반적으로 6~8월에 가장 안정적 가격이 형성된다. 반면 동절기 장미는 가격은 높지만 품질이 좋고 하절기보다 수명이 오래가는 장점이 있다.

② **카네이션**은 봄이 개화시기이지만 수시 파종하여 거의 연중 시장에서 볼 수 있다. 하지만 어버이날, 스승의 날 같은 5월 특수에는 가격 상승폭이 큰 점을 고려해야 한다.

③ **국화**는 연중 볼 수는 있지만 가을을 대표하는 꽃으로서 가을에는 다양한 소국과 대국이 출하된다. 특이하게도 농수산물유통공사화훼공판장 경락 단가를 보면 2009년 기준 7월과 8월이 가장 낮게 분석되었다. 하지만 실지 시장 동향은 9월부터 11월까지 다양하고 향기 좋은 국화를 싼 가격으로 구입할 수 있다.

④ **백합**은 겨울철과 부활절(4월)에 가격이 상승하며 그 외 연중 비슷하다. 한 줄기에 꽃대가 하나 달려 외대라 부르는데 10대씩 한 단으로 묶이며, 한 줄기에 꽃대가 둘 이상이면 쌍대라 칭하는데 이는 5대가 1단으로 묶여 있다. 백합류는 모양과 향이 화려하여 가치가 높다.

⑤ **거베라**는 얼굴이 크고 색이 다양하여 축하와 근조 화환에도 많이 쓰인다. 난방이 필요한 겨울과 출하 물량에 따라 시세 변동은 있지만 연중 큰 부침 없이 쓸 수 있다.

2) 잎·가지·열매

엽란, 루모라, 필로덴드론, 몬스테라, 마디초, 말채, 고수버들 등이 있다.

3) 건조 가능 소재

다래덩굴, 화살나무 등이 있다.

제9장 특별한 목적으로 구분되는 재료

9.1. 원예작업치료 이용용도별 분류

9.1.1. 식용화

식용화는(Edible Flower)는 샐러드 생식용이나 얼음과자 두부 등에 붙이는 장식용으로, 꽃술재료용, 화즙을 내어 젤리, 잼, 아이스크림, 과자 등을 만드는 데 사용하는 가공용으로, 국거리차, 수프 등에 데코레이션으로, 비빔밥 재료로 그 쓰임이 다양하다. 금어초, 도라지, 임파첸스, 꽃 베고니아, 프리뮬러류, 나스터디움, 다이언더스, 데이지, 식용국화, 식용장미, 페튜니아, 수레국화, 토레니아, 애기 해바라기, 캐모마일, 아티초크, 야로우, 팬지, 후크샤 등 크기가 좋고 식감이 좋은 꽃을 식용으로 기를 수 있다.

9.1.2. 촉감자극을 줄 수 있는 식물

식물 특유의 질감을 이용하여 촉감으로 여러 종류의 식물을 식별해 볼 수 있다. 상자 안에 식물을 넣고 촉감으로 이름을 맞혀 보는 것도 흥미를 자극하는 방법이 된다.

① 부드러운 질감: 백묘국, 기누라, 헬리크리섬
② 까실까실한 질감: 강아지풀, 갈대
③ 톱니모양의 잎: 밤나무, 참나무, 호랑가시나무, 알로에
④ 뾰족한 잎: 소나무, 향나무, 아스파라거스
⑤ 매끈한 잎: 동백, 고무나무, 수박 페페로미아
⑥ 섬세한 잎: 아스파라거스, 아디안툼, 파슬리
⑦ 울퉁불퉁한 잎: 베고니아류, 페페로미아
⑧ 육질의 잎: 돌나물, 바위솔 등 다육식물류

9.1.3. 추억을 되살리는 식물

고령자의 어릴 적 추억을 자극하는 것은 원예치료의 참여를 유도하는 중요한 계기가 된다. 뽕나무, 으름, 박하, 쑥, 쇠뜨기, 민들레, 억새풀, 꽈리, 봉선화 등이 있다.

9.1.4. 물주기가 거의 필요하지 않는 식물

① 틸란드시아류: 에어플랜트라고도 하며, 적당한 습기와 온도가 있으면 어디에서나 생육한다. 가끔 분무해주면 된다.
② 다육식물: 재배가 비교적 쉽고 색과 형태가 풍부하기 때문에 접시정원에 적합하다.
③ 콜치컴, 크로커스: 책상 위에 그냥 두어도 개화한다. 유리용기에 색돌을 채워 구근을 올려놓으면 멋진 장식이 된다.

9.1.5. 수경으로 기르기 좋은 식물

토양 환경이 아닌 물에서도 생육이 가능한 식물을 이용한 식물 기르기는 실내 치료 프로그램에 활용도가 높다. 뿌리의 관찰이 가능하게 식재할 수도 있고 색모래나 색돌 등을 이용하여 장식의 효과를 줄 수도 있다.

개운죽, 금천죽, 행운목, 수선화, 히아신스, 아마릴리스 등 구근식물, 스킨답서스, 아이비, 안스리움, 스파티필룸, 테이블야자, 알로카시아 등 분화식물 중에도 수경에서 잘 자라는 초화류들이 많다.

9.1.6. 계절감과 절기에 어울리는 식물

우리나라는 계절에 따라 다양한 식물이 우리 주위를 장식하고 계절의 향기를 전해준다. 이러한 식물들은 추억을 되살아나게 할 뿐만 아니라 지금이 어느 계절인가를 인식시켜서 치매 증상 환자의 대뇌활성을 활발하게 한다. 또한 식물의 향기를 맡는 것은 집중력과 호기심을 길러준다. 매달의 대표적인 행사와 관계가 있는 식물, 향기 있는 식물 등 계절감을 느끼게 해주는 식물은 다음과 같다.

월	행사	계절식물	향기식물	상징 재료
1	신정, 대한	복수초, 만냥금, 미나리, 냉이, 시클라멘	스톡, 제주수선	소나무, 대나무, 동백
2	구정, 입춘, 졸업식	매화, 프리뮬러, 팔레놉시스	스위트피	
	밸런타인데이			장미, 초콜릿
3	3·1절, 입학식, 춘분	유채, 민들레, 심비디움	프리지어, 무스카리	
	화이트데이			사탕
4	식목일	튤립, 벚꽃, 개나리, 은방울꽃	라일락, 히아신스	
	부활절			백합
5	석가탄신일, 어린이날, 어버이날, 입하, 단오	아이리스, 카네이션, 철쭉 꽃창포, 작약	장미, 재스민	풍선, 카네이션
6	현충일, 하지	수국	치자나무	
7	초복, 칠석	나팔꽃, 나리, 부용		
8	입추, 광복절	무궁화, 해바라기, 부용		태극기
9	추분, 추석	구절초, 개미취, 용담	금목서	
10	개천절	국화, 층꽃나무		
11	입동, 단풍놀이	국화, 꽃양배추, 단풍잎		
12	동지, 크리스마스	포인세티아, 시클라멘, 크리스마스 캑터스, 편백, 은색 느티나무	미니 시클라멘	양초, 솔방울, 크리스마스 볼, 전구

9.1.7. 생육이 빠른 식물

결과를 빨리 알고 싶어 하는 어린이의 경우 생육이 빠른 식물을 이용하면 흥미를 돋울 수 있다.

① 콩나물 기르기: 발아과정을 이해하고 4~5일 만에 식용이 가능하다. 종자를 선별하고 하루 1~2회 깨끗한 물로 관수해야 한다.

② 아마릴리스 재배: 가을부터 겨울에 걸쳐서 저온 처리된 구근이 판매되고 있다. 식재 후 바로 발아하고 2개월 후면 거대하고 화려한 꽃이 핀다.

③ 메리골드, 임파첸스: 파종하여 2개월 뒤에 개화를 시작한다.

④ 발근이 빠른 식물: 민트류, 관엽식물, 세인트폴리아는 컵에 물을 넣고 꽂아 두기만 해도 1~2주 만에 발근한다.

9.1.8. 독성이 있어 주의가 필요한 식물

일반적으로 감상을 할 경우에는 문제가 없지만 입에 넣거나 얼굴이나 눈에 가져다 대면 위험한 식물로 원예치료사는 이러한 식물을 파악하여 가능하면 사용하지 않도록 주의한다.

독성이 있는 식물명, 독성분 및 중독 시 증상

식물명	독성이 있는 부위	독성분	중독 시 증상
복수초	뿌리	강심제, 이뇨제로 이용	울렁거림, 토함, 사망
투구꽃	전초		
크리스마스 로즈	뿌리	헤레블린(강심제, 이뇨제로 이용)	
은방울꽃	잎, 꽃, 열매		오한, 복통, 경련, 사망
콜치컴	구근	콜치킨	
디기탈리스	잎		
나팔꽃	전초	알카로이드(진통제로 이용)	
주목	과육 이외의 부분	탁신	3~4개 종자를 먹으면 사망
개쑥	전초		
협죽도	전초	올레안드린	
옻나무	전초	우르시올	
쐐기풀	가시	아세틸코린, 히스타민, 셀로토닌	통증, 가려움, 염증, 발열
마취목	잎, 꽃	아세보톡신	중추신경 마비
자리공	전초	초산칼리, 사포닌	입 안 화상
상사화	구근		입 마비
프리뮬러	줄기, 잎		붓는다
디펜바키아	즙액		심한 통증

9.2. 생활원예활동 프로그램으로의 활용

재배된 식물과 원예산물들을 활용하여 음식이나 공예품 등을 만들어 생활 속에서 원예적 활동을 경험하고 즐길 수 있도록 유도하는 작업을 말한다.

9.2.1. 요리

직접 기른 새싹, 채소 등을 직접 재배하여 음식을 만드는 프로그램으로의 연결은 대상자들에게 성취감과 흥미를 일으키는 데 좋은 재료가 된다. 공동 작업으로 진행되는 경우가 대부분이므로 모든 대상자가 협동하여 참여할 수 있도록 유도한다.

　　Tip. 새싹 기르기 → 새싹 비빔밥, 새싹 샌드위치, 웰빙 쪽파샐러드

　　　　부추 기르기 → 파전, 부추전

9.2.2. 생활공예

봉선화를 재배하여 손톱 물들이기, 방향성 식물을 재배하여 포푸리 만들기 등 원예산물을 이용하여 다양한 공예적 활동으로 응용해 볼 수 있다.

　　Tip. 천연 염색하기, 봉선화 물들이기, 압화 장식, 포푸리 만들기, 액자 꾸미기 등

9.2.3. 작품전시회

원예작업치료 활동을 통해 만들어진 작품을 모아 크고 작은 전시회를 열 수 있다. 치료실 내에 진열 형태의 전시도 가능하고, 병원이나 복지관 등 시설 내 전시공간을 기획해도 좋다. 대상자들에게 기대 이상의 만족감과 성취감을 확인할 수 있다. 여건이 된다면 프로그램 설계 단계부터 전시를 목적으로 프로그램을 계획하여 대상자들에게 중·단기 목표를 주면서 진행하는 방법도 시도해 볼 수 있다.

9.2.4. 메시지 전달용

어버이날, 생일, 기념일 등 축하와 감사를 전하기 위한 용도로 바구니를 제작한다. 양초와 리본 등을 곁들여 화려함을 더할 수 있다. 선물하는 이의 마음을 담아 메시지 카드를 적도록 한다. 정성이 담긴 선물은 주는 사람과 받는 사람에게 모두 기쁨이 된다. 갈등관계 치유, 표현력 증진, 자존감 회복 등의 효과를 얻을 수 있다.

제10장 원예작업치료에 필요한 도구

10.1. 재배프로그램용

10.1.1. 토양

배양토는 산이나 밭 등에서 직접 채취해서 심을 수도 있지만 여러 가지 오염 물질이 섞일 염려가 있으므로 되도록 살균처리 한 흙을 전문점에서 구입해 심는 것이 가장 안전하다. 식물의 특성과 환경을 고려하여 배수성, 통기성, 보수성 등을 고려한 적절한 토양을 배합하여 사용하는 게 좋으며 실내장식용 소형 분화류나 재배용 화단을 만드는 경우 시중에서 판매하는 무균배양토를 구입하여 사용하면 편리하다. 다육식물은 마사혼합비율을 높여 혼합해 사용하거나 판매되는 다육전용 용토를 사용하면 좋다.

① 질석: 적운모의 일종으로 2,000℃에서 고온처리한 것으로 버미큘라이트라고도 하며 운모가루 모양을 하고 있는 인조 원예용 흙이다. 거름성분을 지니고 있지는 않지만 가볍고 보수력이 좋으며, 무균 상태로 배양토와 섞어 파종 용토나 삽목 전 용토에 쓰면 효과가 좋다. 질석만 단용으로 사용하거나 너무 과다하게 섞어 쓰게 될 경우 물을 줄 때 속까지 물이 스며들지 않는 경우가 있으므로 주의하여야 한다. 토양산도는 pH 6.5~7.2 모래의 5분의 1중량이고 수분 흡수력은 3배 정도이다.

② 피트모스: 물이끼, 갈대 등이 습지에 파묻혀 변질된 것으로 늪지의 바닥에서 나오며 암갈색으로 가볍다. 부엽토와는 달리 피트모스는 자체적으로 거름기를 함유하고 있지는 않으므로 부엽토 대용으로 사용하여 배양토를 만들 때는 별도로 밑거름을 충분히 섞어 주는 것이 좋다. 토양산도는 pH 4~5로 약산성이며 보수성, 통기성이 좋다. 펄라이트와 섞어서 식충식물, 아나나스류 등을 심을 때 사용하며 유해한 잡균이 없어서 꺾꽂이, 잎꽂이에 사용하면 성공률이 아주 높다. 피트모스와 펄라이트를 섞어 사용할 때는 반드시 밀가루 반죽하듯 물을 넣어 수분을 흡수하여 사용한다.

③ 펄라이트: 진주암(화산석)을 고온에서 튀긴 것으로 보습력이 높고 소독 처리된 백색 입자이다. 물빠짐과 통기성, 보비성이 뛰어나다. 토양산도는 pH 7~7.5로 중성이며

피트모스와 섞어서 식충식물, 아나나스류 등을 심을 때 사용하며 마사 역할을 한다. 알갱이에 무수히 작은 공기구멍이 있어서 산소가 잘 공급되게 한다.

④ 하이드로 볼(Hidro-ball): 크기는 大·中·小 3가지가 있으며 황토를 주원료로 하여 1,000℃ 이상에서 고온 살균 처리한 인공배양토이다. 통기성, 흡수성, 보비성, 보수성이 좋고 다공질(多孔質)이며 약산성(pH 5.6)을 띤다. 동양란, 수경재배용, 테라리움의 배수층에 많이 이용된다. 강한 햇빛에 쉽게 마르며 물을 자주 줄 경우 과습해질 우려가 있다. 마사와 혼합하여 사용한다.

⑤ 수태(水苔): 습지에 있는 물이끼를 고온에서 지어 건조한 것으로 국내에도 있으나 많지 않아 외국에서 수입한다. 통기성, 보수성(물을 머금은 상태에서는 20~40배의 물을 흡수)이 좋다. 풍란, 양란, 일부의 관엽식물을 심을 때 사용하며, 물에 불려 사용한다.

⑥ 부엽토(腐葉土): 떡갈나무, 상수리나무 등의 낙엽, 풀 등이 발효되어 흙이 된 것으로 보수성, 보비성, 통기성, 배수성이 좋다. 밭흙, 마사, 모래와 섞어서 관엽식물, 분화식물을 심을 때 광범위하게 사용하고 있다.

⑦ 밭흙: 화분에 사용되는 흙은 병충해를 함유하지 않은 것이 좋으며, 보습효과와 미량요소를 첨부하는 것이 주된 목적이다. 보수성이 좋으며, 마사, 부엽토와 섞어서 관엽식물, 분화식물을 심을 때 광범위하게 사용된다.

⑧ 바크(Bark): 전나무, 소나무의 껍질을 삶아서 분쇄한 것으로 통기성, 배수성이 좋다. 심비디움 속에 속하는 양란을 심을 때 주로 사용한다.

⑨ 모래: 화분에 사용되는 모래는 염분이 없어야 한다. 통기성, 배수성이 좋으며 밭흙, 마사, 부엽토와 섞어서 관엽식물, 분화식물을 심을 때 광범위하게 사용한다.

⑩ 마사(磨砂): 크기는 大·中·小 3가지가 있으며 大마사는 대형 화분의 아래에 배수층(물빠짐이 좋도록 하기 위해)에 깔고, 中마사는 중간화분의 배수층에, 小마사는 소형 화분의 배수층에 사용한다. 中마사는 대형식물, 小마사는 소형식물을 심을 때 부엽토, 모래, 밭흙과 함께 배합하여 사용한다. 보수성, 통기성, 배수성이 좋으며, 밭흙, 모래, 부엽토와 섞어서 관엽식물, 분화식물을 심을 때 사용한다.

⑪ 난석: 크기는 大·中·小 3가지가 있으며, 통기성, 배수성이 좋다. 심비디움 속에 속하는 동양란을 심을 때 사용한다. 알갱이에 무수히 작은 공기구멍이 있어서 산소가 잘 공급되게 한다.

⑫ 기타: 색돌, 젤리토

▲ 마사토　　　　　▲ 배양토　　　　　▲ 수태(백태)

10.1.2. 용기(Containers)

　재료는 유리, 도자기, 옹기, 마블 등 다양하지만 치매환자나 소아, 정신과 환자 등 세심한 주의를 요하는 대상자가 많은 원예치료적 접근을 이유로 위험이 적은 플라스틱이나 자연 소재의 용기 사용을 권한다. 페트병이나, 투명 플라스틱 물컵을 활용하여 한 포트 정도의 식물을 식재하기도 하고 분재용 화분이나 플라스틱 플랜트 박스에 식물을 기를 수 있다. 파종상자, 비닐분, 플라스틱, 종이분, 토분 등이 있다.

▲ 플라스틱 초화분　　　▲ 분재용 화분　　　▲ 고무 합성용기　　　▲ 행잉 야자바스켓

10.1.3. 기타

① 깔때기: 용기 벽에 흙이 묻지 않고 바깥으로 흙이 쏟아지는 것을 막기 위해 사용하며, 흙을 채우거나 식물을 심고 난 다음 뿌리 근처에 흙을 채워주기 위한 긴 기구이다.
② 스푼: 목이 길고 입구가 적은 병에 식물을 심을 경우 흙에 구멍을 팔 때 사용하며 길이가 긴 나무 끝에 티스푼을 매달아 만들어 사용한다.
③ 안착기(Placer): 심을 식물을 안착시켜 병 속으로 넣기 위한 기구로 긴 철사 끝에 고리모양을 만든다.

④ 집게: 화분 내의 잡초를 제거하는 데 적합하고 테라리움 제작 시 핀셋과 같은 역할을 하고 식물을 상처가 나지 않게 집어넣는 데 사용한다.

⑤ 소형 분무기: 물 주는 기구로 보통세탁용 물뿌리개를 사용한다.

⑥ 전정가위: 고사한 줄기, 뿌리, 잎, 화경 등을 제거하는 데 사용한다. 공작용 가위도 가볍기 때문에 편리하게 사용할 수 있다.

⑦ 꽃삽: 흙을 파서 묘와 구근 등을 심을 때 사용한다. 손목 부분이 약하면 사용 중에 접히기 쉽기 때문에 비싸도 튼튼한 것을 선택한다. 플라스틱 제품은 가볍기 때문에 힘이 없는 노약자에게 적합하다.

⑧ 면장갑: 날카로운 식물, 식물의 즙액, 배양토 등으로부터 손을 보호한다. 또는 물건을 옮기거나 삽질, 전정가위 사용 등 손에 힘이 가는 작업으로부터도 손을 보호한다.

⑨ 라벨, 온도계: 식물의 이름을 적거나, 자신이 관리하는 구역을 표시하는 데 사용한다. 온도계는 실내의 온도, 식물의 생육적온, 발아적온 등을 파악할 수 있다. 최저최고온도계는 조정 후 최고최저온도를 알 수 있기 때문에 편리하다.

10.2. 화훼장식 프로그램용

10.2.1. 지지도구

① 플로랄폼: 꽃의 줄기를 고정하는 데 가장 많이 사용되는 용구이다. 부드럽고 수분을 잘 빨아들이는 가벼운 물질로 플로랄폼에 줄기를 꽂으면 줄기가 물을 잘 빨아들일 수 있다. 7.5×10×22.5cm 크기의 플로랄폼 48개들이 상자로 시판되고 있다. 플라스틱 틀이 둘러싸인 플로랄폼도 있고 색이 있어 플로랄폼을 드러내놓고 사용하는 것이 디자인되는 컬러 플로랄폼도 있다. 가루 형태로 색상이 다양한 파우더 플로랄폼, 드라이플라워나 실크플라워를 위한 플로랄폼의 형태도 있다.

② 침봉, 철망: 침봉은 꽃을 꽂는 데 사용하는 쇠바늘로 된 원형의 도구로 소수의 꽃으로 바닥이 드러나는 디자인에 사용한다. 철망은 대형 꽃꽂이를 할 때 무거운 줄기를 받치기 위해 플로랄폼과 철망을 함께 사용한다.

③ 접착제: 접착제는 꽃꽂이 기구를 안전하게 고정시키는 역할을 하며 대표적인 네 가지

종류의 접착제가 있다.

- 방수테이프 또는 고정테이프(Waterproof or Anchor Tape): 플로랄폼을 용기에 안전하게 고정시키는 데에는 폭 6mm짜리 테이프가 면적을 덜 차지하기 때문에 주로 많이 사용한다. 색상은 초록색, 흰색, 투명한 색이 있으며 흰색 용기에는 흰색 테이프, 색상이 있는 용기에 초록색 테이프를 이용한다.

- 줄기싸개 또는 플로랄테이프(Stem Wrap or Floral Tape): 밀랍을 입힌 신축성 있는 테이프로 잡아당기면 점착성이 생긴다. 플로랄테이프는 주로 코르사주에 사용하는 꽃의 줄기를 만드는 데 사용하며, 코르사주 외의 다른 유형의 디자인에서도 철사나 꼬챙이를 가리는 데도 사용된다. 폭은 다양하지만, 폭 1.25cm가 가장 많이 사용되며 꽃꽂이의 색상과 조화를 이루도록 여러 가지 색상이 나와 있다. 가장 많이 사용하는 색상은 초록색과 흰색이다.

- 꽃 접착 점토(Floral Adhesive Clay): 질감 면에서 어린이들이 가지고 노는 "Children's Play Dough(장난감 반죽)"와 비슷한 점착성이 있는 물질로 납작한 끈 모양으로 롤에 감겨 나오며, 감은 층 사이에는 밀랍 종이가 들어 있다. 유명한 제품명으로는 "Cling & Sure-Stik"이 있으며, 꽃 접착 점토는 고정핀(플로랄폼을 제자리에 고정시키는 데 사용하는 네 개의 수직 날을 가진 원형의 플라스틱 받침대)이나 침봉을 고정시키는 데 사용한다. 사용한 다음에 용기 표면에 제거하기 힘든 끈적끈적한 자국을 남기므로 값비싼 용기에는 꽃 접착 점토의 사용을 신중하게 결정해야 한다.

- 글루(Hot Glue): 고체 막대기 상태로 구입해서 전기 총에 넣으면 액체로 녹아 나와서 몇 초 안에 굳는다. 생활 여러 용도로 쓸 수 있으며 실크플라워로 하는 디자인을 비롯해 여러 디자인에 광범위하게 사용된다. 핫글루와 전기총은 피부에 심한 화상을 입힐 수 있으므로 주의한다. 쿨글루(Low-temperature Hot Glue)는 핫글루보다 접착력이 좋지는 않지만 보다 안전하게 사용할 수 있으며 주로 생화에 사용된다.

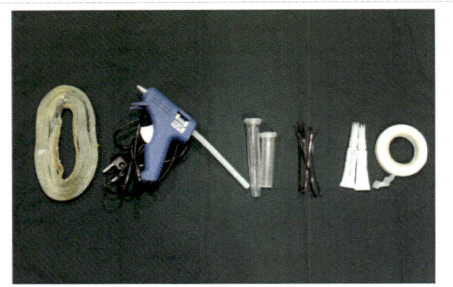

▲ 방수테이프, 글루, 글루건, 워터픽, 접착제,
케이블타이, 플로랄테이프

▲ 오아시스, 칼라오아시스, 침봉

10.2.2. 화기

　물을 담을 수 있는 것은 뭐든지 용기로 사용할 수 있으나, 원예치료활동의 특성상 깨지거나 위험할 수 있는 재료는 신중히 고려해야 하며 원예치료사가 생각하는 꽃꽂이의 아이디어를 표현하는 데 도움이 되어야 한다. 유리, 도기, 마블 등 미적으로 아름다워 디자인의 완성도를 높일 수 있는 화기와 플라스틱 컵, PET병, 양철 화기, 재생용기 등 간편하게 활용되어 기능적 만족도가 높은 용기들이 있다. 용기를 선정할 때, 전체 디자인과 장식물이 놓일 공간과 시각적, 물리적 조화를 생각하여 용기의 질감, 모양, 크기, 색상, 가격 등과 화훼장식물의 용도, 꽃과 식물의 종류, 장식물이 놓일 공간 등을 고려해야 한다.

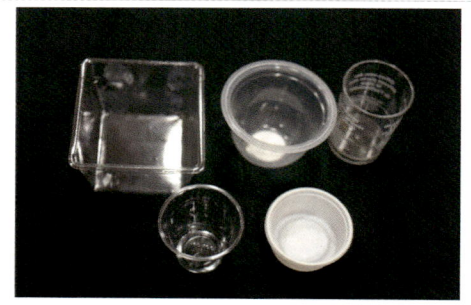

▲ 다양한 색상과 모양의 도자기 화기

▲ 소형의 플라스틱 화기

▲ 특이한 모양을 하고 있는 도자기 화기

▲ 중간크기의 플라스틱 화기

▲ 다양한 모양의 소형 유리화기

10.2.3. 기타

① 철사(Wiring): 와이어 부케를 만들 때 줄기 연장과 손잡이틀이 되는 은색 철사로 18번, 20번, 22번, 24번, 26번으로 숫자가 늘어날수록 두께는 얇아진다. 철사를 꽂아 약한 줄기는 강하게, 아래로 처진 꽃은 위를 향하게 해주면 비틀어진 줄기는 곧게, 곧은 줄기는 휘어지게 만들 수 있다.

② 가시제거기(Thorn Strippers): 가시제거기는 장미의 줄기 등에 있는 가시를 제거할 때에 사용한다. 가시제거를 대량으로 할 때는 가시제거 기계를 이용한다.

③ 가위(Scissor): 가위는 잎이나 가지 및 줄기를 자르고 다듬는 데 사용한다. 플라워 디자인에서는 고사리 손가위나 원가위가 많이 이용되고 굵은 가지를 자르는 데는 전정가위가 이용되기도 한다.

④ 워터픽(Water Pick): 플라스틱으로 튜브 모양을 만들어서 그 속에 물을 넣어 사용 할 수 있도록 한 것. 줄기가 짧은 꽃을 소재로 쓸 때 신선도를 보존하고 길이를 보강하기 위하여 사용한다.

⑤ 라피아(Raffia): 야자과 식물의 잎으로 만든 다양한 색상의 끈으로 다발을 묶거나 장식용으로 이용한다.

⑥ 리본(Ribbon): 리본은 꽃을 묶거나 돋보이게 하는 장식에 활용되는 것으로 재료에 따라 수지리본, 공단리본, 레이스리본 등이 있다.

⑦ 지철사(Tapping Wire): 백색, 녹색 및 갈색 등의 종이가 감긴 것과 에나멜 코팅이 된 것이 있다. 재료들을 묶거나 고정할 때 주로 사용한다. 종이가 감겨 있는 것을 지철사라고도 한다.

⑧ 포장지(OPP, 왁싱지, 한지): 완성품에 부가가치를 높이는 자재로 포장기술의 개발과 함께 종류도 다양해지고 있다. 재질에 따라 부직포, 마, OPP, 주름종이, 망사포장지 등 다양하다.

▲ 시험관, 코끼리 튜브

▲ 철사, 지철사, 카파와이어, 칼라와이어

▲ 다양한 종류, 색상, 재질, 폭으로 이루어진 리본

▲ 핑킹가위, 전지가위, 니퍼(대), 펜치, 니퍼(소)

참고문헌

교육도서편찬국. 1989. 『원예대백과』. 교육도서.

김귀순. 1997. 꽃과 인간의 만남. 고양시.

손기철. 조문경. 송종은. 김수연. 이손선. 2007. 『전문적 원예치료의 실제』. 쿠북.

윤평섭. 2004. 『한국의 화훼원예식물』. 교학사.

화훼연구회. 1998. 『화훼원예학 총론』. 문운당.

Jack E. Ingels. 1994. *Ornamental Horticulture*. Delmar Publishers Inc.

김미영 (행복한 원예환경 공동체를 꿈꾸는 원예작업치료사)

현) 서울특별시 은평병원 작업치료실장/원예작업치료사
이학박사
한국정신작업치료학회 임상이사
한라대학교·경복대학교·서울시립대학교 과학기술대학원 출강
도시사회원예학회 사회원예치료 수련감독전문가

김귀순 (행복한 원예환경 공동체를 꿈꾸는 원예교육전문가)

현) (주)그린페이퍼 대표/플로데코 중앙회 회장
이학박사
서울시립대학교·상명대학교, 혜천대학·인덕대학·농협대학 출강

제의숙 (행복한 원예환경 공동체를 꿈꾸는 원예활동전문가)

현) 원예치료사 슈퍼바이저
(사) 한국원예치료복지협회 이사
인하대학교·한국방송통신대학교, 국립수목원 출강

송미진 (행복한 원예환경 공동체를 꿈꾸는 플로리스트)

　현) 한국정신건강연구소 원예치료 연구이사
　국가자격 화훼장식기사
　서울시립대학교 · 인하대학교 · 인천대학교 출강
　도시사회원예학회 사회원예치료 수련감독전문가

정희승 (행복한 원예환경 공동체를 꿈꾸는 작업치료전문가)

　현) 광주여자대학교 작업치료학과 교수
　한국정신보건작업치료학회 총무이사
　한국영유아아동정신건강학회 공인 놀이치료전문가
　도시사회원예학회 사회원예치료 수련감독전문가

원예작업치료의
이론과 적용

초판인쇄 ｜ 2012년 10월 19일
초판발행 ｜ 2012년 10월 19일

지 은 이 ｜ 김미영 · 김귀순 · 제의숙 · 송미진 · 정희승
펴 낸 이 ｜ 채종준
펴 낸 곳 ｜ 한국학술정보㈜
주　　소 ｜ 경기도 파주시 문발동 파주출판문화정보산업단지 513-5
전　　화 ｜ 031) 908-3181(대표)
팩　　스 ｜ 031) 908-3189
홈페이지 ｜ http://ebook.kstudy.com
E-mail ｜ 출판사업부 publish@kstudy.com
등　　록 ｜ 제일산-115호(2000. 6. 19)

ISBN　　978-89-268-3460-2 93480 (Paper Book)
　　　　978-89-268-3461-9 95480 (e-Book)

이담 은 한국학술정보㈜의 지식실용서 브랜드입니다.